电子设计丛书

U0159683

电路板的焊接、组装与调试

（第二版）

王加祥　曹闹昌　编著

西安电子科技大学出版社

内 容 简 介

电路板的焊接调试是电子设计人员必须具备的一项技能，本书是作者在多年教学实践与科研设计的基础上编写的一本关于电路板焊接调试的书籍。全书共6章，详细介绍了电路板的焊接、组装和调试方法。第1章为基础知识，简要介绍了电路板的认知和分类；第2章介绍了手工焊接时使用的焊接工具、焊接方法和焊接步骤；第3章介绍了机器焊接时使用的焊接设备和焊接步骤；第4章介绍了导线的焊接处理和电路板的连接与固定方法；第5章介绍了在电路板调试过程中常用的仪器；第6章介绍了元器件的检测方法、电路板的故障调试方法与步骤。

本书可作为电子系统应用研究的工程技术人员进行电路板焊接和调试时的参考书，也可作为高等院校电子类专业本科生学习电子设计时的入门学习参考书，同时也可作为其他职业学校或无线电短训班的培训教材，对于电子爱好者也不失为一本较好的自学读物。

图书在版编目（CIP）数据

电路板的焊接、组装与调试/王加祥，曹闹昌编著. — 2版. — 西安：西安电子科技大学出版社，2020.10
ISBN 978-7-5606-5784-4

Ⅰ.①电… Ⅱ.① 王… ②曹… Ⅲ.① 印刷电路板(材料)— 焊接 ② 印刷电路板(材料)— 组装 ③ 印刷电路板(材料)— 调试方法 Ⅳ.① TM215

中国版本图书馆CIP数据核字(2020)第132122号

策划编辑 戚文艳
责任编辑 孟晓梅 雷鸿俊
出版发行 西安电子科技大学出版社(西安市太白南路2号)
电 话 (029)88242885 88201467 邮 编 710071
网 址 www.xduph.com 电子邮箱 xdupfxb001@163.com
经 销 新华书店
印刷单位 陕西天意印务有限责任公司
版 次 2020年10月第2版 2020年10月第2次印刷
开 本 787毫米×1092毫米 1/16 印 张 12.5
字 数 287千字
印 数 3001～6000册
定 价 29.00元

ISBN 978-7-5606-5784-4 /TM

XDUP 6086002-2

*****如有印装问题可调换*****

前　言

本丛书自出版以来，经过5年的教学使用，部分内容需要进行优化。为更好地满足教学需求，根据读者建议及教学实践，作者对本丛书第一版进行了认真的修订，删去了一些不必要的内容，修改了部分文字、图片，增加了课后习题等相关的新内容。

本丛书第二版继续采用第一版的书籍名称，《元器件的识别与选用》一书将教会读者认识元器件，掌握元器件的特点、用途。《常用电路分析及应用》一书将教会读者怎样参考别人成熟的设计电路，掌握别人的设计思路，设计出自己的电路系统。《基于Altium Designer的电路板设计》一书将教会读者设计出自己需要的电路板，掌握电路板设计的要点。《电路板的焊接、组装与调试》一书将教会读者怎样焊接自己设计的电路板，调试出电路系统所拥有的性能。通过这四本书的学习，读者可以轻松跨入电子系统设计的门槛。

编者在多年从事电子系统设计和产品研发的过程中，搜集整理了大量的资料，编写了本书。通过本书的学习，可以帮助读者快速解决电子系统调试过程中经常遇到的问题。

本书继承了上一版的特点：

（1）着重从应用领域角度出发，突出理论联系实际，面向广大工程技术人员，具有很强的工程性和实用性。书中讲解了不同元器件的焊接方法，为读者提供有效的指导。

（2）讲述了手工焊接过程中常用的焊接工具（包括辅助工具）及其使用特点，为初学者提供有效的指导，有助于提高焊接成品率，降低调试难度。

（3）讲述了机器焊接过程中常用的焊接设备、焊接中常见的缺陷及其解决方法，可帮助初学者在小批量生产电路板时提高焊接成品率。

（4）讲解了调试过程中常用仪器的使用方法以及测试节点的选择，有助于工程设计人员快速判断出故障位置，简化调试过程。

（5）配有大量实物插图，在插图旁配有详细说明，有助于读者直观了解掌握焊接与调试的方法。

（6）在操作讲解过程中，实时给出一些实用的建议、注意和技巧，便于读者更好地学习实践。

本次修订在每章结束后增加了部分习题，便于读者检测该章节的学习情况，部分习题可能超出章节内容，需要读者查阅相关资料学习。

第二版继承了上一版的章节结构，全书共6章，其中第1章主要介绍电路板和元器件的特点，第2章介绍手工焊接时使用的焊接工具、焊接方法和焊接步骤，第3章介绍机器焊接时使用的焊接设备和焊接步骤，第4章介绍导线的焊接处理和电路板的连接方法，第5章介绍在电路板调试过程中常用的仪器，第6章介绍元器件的检测方法及电路板的故障调试。全书的结构安排主要以电路板焊接、调试过程为线索，由浅入深、由易到难，有助于读者快速了解掌握电路板的焊接与调试方法。

　　本书内容突出了工程性、实用性、全面性，知识点全面，内容翔实，案例丰富。由于受学识水平所限，书中难免存在疏漏和错误，敬请读者提出宝贵意见，便于编者做进一步改进。

编　者

2020年5月于西安

第一版前言

随着电子产品的广泛普及，对电子产品设计感兴趣的人越来越多，学习电子类专业的学生也随之增多。他们都梦想成为电子系统设计人员，而入门是他们必经的过程。许多学生多年来一直徘徊在门外，即使最后进入电子设计行业，也走了许多弯路。那么有没有更好的方法使初学者少走弯路呢？

电子系统设计直接决定了电子产品的生命周期，一个好的产品取决于电子系统设计的可靠性、实用性、易用性。电子系统的可靠性不仅来自于系统的软件，更来自于系统的硬件，而电路板的焊接与调试是完成系统硬件的最后一步。电路板怎样焊接、怎样调试、怎样提高焊接和调试的成品率，对于缺少电子系统设计经验的学生来说，是一个较难逾越的障碍。即使对一个设计经验丰富的老手来说，焊接与调试亦是一个较为关键的问题。

作者在多年从事电子系统设计和产品研发的过程中，搜集整理了大量的资料，编写了这本关于电路板焊接与调试的书籍。

本书具有如下特点：

（1）着重从应用领域角度出发，突出理论联系实际，面向广大工程技术人员，具有很强的工程性和实用性。书中讲解了不同元器件的焊接方法，可为读者提供有效的指导。

（2）讲述了手工焊接过程中常用的焊接工具(包括辅助工具)及其使用方法，有助于读者提高焊接成品率，降低调试难度。

（3）讲述了机器焊接过程中常用的焊接设备、焊接中常见的问题及其解决方法，可帮助初学者在小批量生产电路板时提高焊接成品率。

（4）讲解了在调试过程中常用仪器的使用方法、测试节点的选择，有助于读者快速判断出故障位置，简化调试过程。

（5）配有大量实物插图，在插图旁配有详细说明，有助于读者直观了解和掌握焊接与调试的方法。

（6）在操作讲解过程中，实时给出了一些实用的建议、注意和技巧，便于读者更好地学习实践。

全书共6章，其中第1章主要介绍电路板和元器件的特点，第2章介绍手工焊接时使用的焊接工具、焊接方法和焊接步骤，第3章介绍机器焊接时使用的焊接设备和焊接步骤，第4章介绍导线的焊接处理和电路板的连接方法，第5章介绍在电路板调试过程中常用的仪器，第6章介绍元器件的检测方法、电路板的故障调试。全书的结构安排主要以电路板焊接与调试过程为线索，由浅入深、由易到难。

本书内容突出了工程性、实用性、全面性，知识点全面，内容翔实，案例丰富。

由于受学识水平所限，书中难免存在疏漏，敬请读者提出宝贵意见，以便于作者做进一步改进。

感谢航空航天工程学院自主设计实验室2008级至2012级的同学们，他们为本书的文字编辑整理、插图绘制、书籍试用做了大量的工作，并提出了许多好的建议。

感谢参考文献中的各位作者，本书中部分内容参考了他们的大作。由于篇幅有限，参考文献未能一一列出，在此特向所有相关作者表示由衷的歉意和衷心的感谢。

感谢我的家人与朋友，正是他们的鼓励给了我写作的动力。

为了便于读者学习，现向读者提供网络辅导，有需要的读者可通过作者的QQ（242215609）和电子信箱（2422115609@qq.com）进行咨询。书籍中的错误更正也将在QQ空间给出，如有其他疑问，亦可发邮件咨询。

王加祥
2015年9月于空军工程大学

目　　录

第1章　概　　述

认识元器件是电子设计的第一步；设计电路是电子设计的第二步；将电路转换为电路板，是电子设计的第三步；由电路板生产厂商根据设计者设计的 PCB 文件制作出电路板实物后，就需要进行第四步——焊接电路板并调试出电路板需要实现的功能，这就是本书需要讲解的内容。

1.1　电路板的认识

焊接电路板前，需要认识电路板，了解电路板上所用的元件以及各个元件的外形特点，想象电路板焊接成功后的样子，分析元件焊接的先后顺序、需要使用的工具和需要注意的事项。

1.1.1　元件在电路板中的位置

对于电路板焊接，按层数特点分为单层板和多层板，如图1-1-1所示。该处的多层板是指两层及以上层的电路板，它们的焊接方法相同。

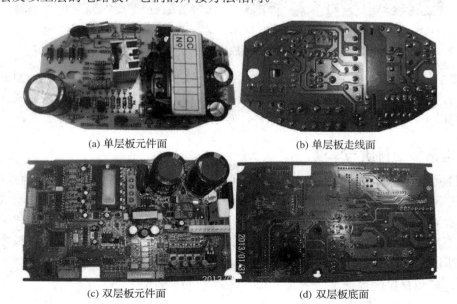

(a) 单层板元件面　　　　　　　　　　　　(b) 单层板走线面

(c) 双层板元件面　　　　　　　　　　　　(d) 双层板底面

图1-1-1　按层数特点分的电路板

从图1-1-1中可以看出，单层板和多层板的元器件都放置在一面，这样做的好处是便于波峰焊接，即插好引线式元件后，将电路板放入波峰焊设备，在焊锡面没有元件，不会存在元件脱落问题。对于单层板而言，如果只有一面有元件，则只可使用一种类型的元件，即要么全是引线式元件，要么全是表贴式元件。对于多层板而言，可以既有表贴式元件又有引线式元件。

读者可能会看见两面都焊有元件的电路板，如图1-1-2所示。设计两面都焊有元件的电路板的原因各不相同。如在单层板中，如果既需要焊接表贴式元件，又需要焊接引线式元件，这时就需要采用两面放置元件的方式；在多层板中，为了更好地滤波，减小电磁干扰，可以采用两面放置元件的方式，这是因为电路板中元件较多，密度较大。总之原因较多，需要根据具体电路板的情况进行分析。

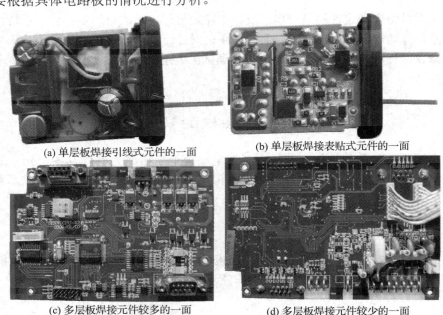

(a) 单层板焊接引线式元件的一面　　　　(b) 单层板焊接表贴式元件的一面

(c) 多层板焊接元件较多的一面　　　　(d) 多层板焊接元件较少的一面

图1-1-2　两面放置元件的电路板

在多层板中双面放置元件时，需要注意的是，在设计时尽量使元件少的一面只有表贴式元件，这样可以降低机器焊接难度，即只在焊接前对元件较少的一面的表贴式元件采用点胶工艺即可。如果该面还有引线式元件，则还需要设计支架，工艺难度更大。

1.1.2　电路板的材质与厚度

电路板是由金属箔(常见为铜箔，其它有银箔、金箔等)按PCB文件要求经过电离和沉铜工艺附着在不同厚度的绝缘基板上制成的。绝缘基板由增强材料和黏合剂制成。常用的增强材料有纸、玻璃布、玻璃毡等。黏合剂有酚醛、环氧树脂、聚四氟乙烯和聚酰亚胺等。在设计时，应根据产品的电气特性和机械特性及使用环境，选用厚度、基板增强材料和黏合剂不同的电路板等。

1. 电路板常见的种类

1）酚醛纸基覆铜箔层压板

酚醛纸基覆铜箔层压板是由绝缘浸渍纸或棉纤维浸以酚醛树脂，浸渍物两面为无碱玻璃布，在其一面或两面覆以电解紫铜箔，经热压而成的板状纸品。此种层压板的缺点是机械强度低，易吸水，耐高温性能差(一般不超过1000℃)，但由于价格低廉，广泛用于低档民用电器产品中。

2）环氧纸基覆铜箔层压板

环氧纸基覆铜箔层压板与酚醛纸基覆铜箔层压板不同的是，它所使用的黏合剂为环氧树脂，性能优于酚醛纸基覆铜箔层压板。虽然环氧树脂的黏结能力强，电绝缘性能好，又耐化学溶剂和油类腐蚀，机械强度、耐高温和耐湿性较好，但环氧纸基覆铜箔层压板价格高于酚醛纸基覆铜箔层压板，所以被广泛应用于工作环境较好的仪器、仪表及中档民用电器中。

3）环氧玻璃布覆铜箔层压板

环氧玻璃布覆铜箔层压板是由玻璃布浸以双氰胺固化剂的环氧树脂，并覆以电解紫铜，经热压而成的。这种覆铜箔基板的透明度好，耐高温和耐湿性优于环氧纸基覆铜箔层压板，具有较好的冲剪、钻孔等机械加工性能，广泛应用于电子工业、军用设备、计算机等高档电器中。

4）聚四氟乙烯玻璃布覆铜箔层压板

聚四氟乙烯玻璃布覆铜箔层压板具有优良的介电性能和化学稳定性，介电常数低，介质损耗低，是一种耐高温、高绝缘的新型材料，应用于微波、高频、家用电器、航空航天、导弹、雷达等产品中。

5）聚酰亚胺柔性覆铜板

聚酰亚胺柔性覆铜板的基材是软性塑料（聚酯、聚酰亚胺、聚四氟乙烯薄膜等），厚度约 (0.25 ～ 1) mm。在其一面或两面覆以导电层以形成印制电路系统。使用时将其弯成合适的形状，用于内部空间紧凑的场合。这种电路板常应用于硬盘的磁头电路和数码相机的控制电路等。

2. 电路板的非电技术标准

衡量电路板质量的非电技术标准主要有以下几项：

（1）抗剥强度：是单位宽度的铜箔剥离基板所需的最小力（单位为 kg/mm），用这个指标来衡量铜箔与基板之间的结合强度。此项指标主要取决于黏合剂的性能及制造工艺。

（2）翘曲度：单位长度的扭曲值，这是衡量电路板相对于平面的不平度指标，取决于基板材料和厚度。

（3）抗弯强度：电路板所能承受弯曲的能力，以单位面积所受的力来计算（单位为 Pa）。这项指标取决于电路板的基板材料和厚度。在确定印制板厚度时应考虑这项指标。

（4）耐浸焊性：将电路板置入一定温度的熔融焊锡中停留一段时间（一般为 10 s）后铜箔所承受的抗剥能力。一般要求电路板不起泡、不分层。如果浸焊性能差，则印制板在经过多次焊接时，可能使焊盘及导线脱落。此项指标对电路板的质量影响很大，主要取决于绝缘基板的增强材料和黏合剂。

除上述指标外，衡量电路板的技术指标还有表面平滑度、光滑度、坑深、表面电阻、耐氰化物、介电常数、冲击强度、介质击穿强度、抗霉性、耗散因素、可燃性、耐电弧性、自熄性、损耗因素、吸水性、铜附着力、抗拉强度、耐热性等，其详情介绍可参考相关手册。

3. 电路板的厚度

电路板的标称厚度有 0.2 mm、0.4 mm、0.6 mm、0.8 mm、1.0 mm、1.2 mm、1.6 mm、

2.4 mm、3.2 mm、6.4 mm等多种。在确定电路板的厚度时，要考虑如下因素：

（1）当电路板采用插针式连接器制作时，需要注意插针的引脚长度，电路板过厚则存在焊接长度不够的问题，过薄则存在连接可靠性问题，一般选择1.6 mm厚度。

（2）当电路板面积较大、元件体积较大且重量较重时，可选用厚度为2.0 mm或2.0 mm以上的电路板。

（3）当电路板作为部分模块，插接于其他插槽时，需要根据插接槽的大小选择电路板厚度，如内存条、PCI板卡等电路板。

（4）当电路板用特殊材料制作时，需根据材料特性选择厚度，如柔性电路板、铝材电路板等。

（5）当电路板为多层板时，可选用0.2 mm、0.3 mm和0.5 mm厚度的板材。

1.1.3　电路板的焊前检查

电路板由生产厂商制作完成后，电路板生产厂商会通过机器设备自动检测电路板的好坏，少量时可通过飞针测试，批量时可通过通断测试，从而检测电路板上所有导线的通断情况，检测完成后打包发送给焊接厂商焊接。厂商应根据所需产品的数量生产电路板，不建议积压电路板，电路板生产出立即交由焊接厂商进行焊接测试，制作成成品电路。如果将电路板积压一段时间后焊接，则需要增加电路板烘干工序，这样会增加成本；如果积压时间过长，则可能导致电路板焊盘氧化，影响焊接效果。

电路板在焊接之前一般需要检查，特别是积压一段时间的电路板，或少量试制的电路板。常见检查的项目如下：

（1）检查电路板的版本是否是需要生产的版本。在小批量试制时，部分电路可能需要修改，导致电路板的版本较多。在设计电路板时，需要将电路板当前版本号标注于电路板设计图上，打开PCB文件检查版本是否一致。

（2）检查封装使用是否正确，特别是一些特殊封装。最好将实际焊接的元器件放置在电路板上进行比对，检查距离、焊盘大小、过孔大小、位置、高度等是否合理。

（3）检查电路板走线是否完整，对比PCB文件判断两者是否一致，特殊走线是否经过处理，如阻焊层需要镂空的地方是否镂空（镂空的用途是在焊接时挂锡，增大导线流过电流的能力）。

（4）检查电路板上的定位孔。部分定位孔不允许被孔化，如果定位孔被孔化，则需要手工处理，并告知电路板生产商下次生产时修改。

（5）有厚度要求的电路板，需检查厚度是否正确，如PCI板卡。

（6）检查电路板是否平整，有无翘曲现象。

（7）检查电路板材质是否为需要材质。部分材质电路板会对产品生产造成影响，如纸质电路板在经过回流焊时，可能会翘曲变形。

（8）检查电路板上的沉铜厚度。该项检查比较难，需要在电路板中留有测量位置，即一小块板中无导线，另一小块全部覆铜，通过游标卡尺测量这两部分的厚度差，计算出铜箔厚度。达不到厚度要求的电路板，在通过大电流时，电路性能会受到影响，严重时会损毁电路元件板上的电路元件。

1.2 元器件的认识

对于元器件的认识，在电子设计丛书的《元器件的识别与选用》中已做讲解，有需要的读者可以查看该书。

1.2.1 元器件符号与实物对比

对于原理图中使用的元器件符号，它的实物具体是怎样的，需要读者有一个基本的认识，表1-2-1给出了一些常见的元器件符号与实物图，便于读者对比学习。

表1-2-1 常见的元器件符号与实物

普通电阻器	电位器	压敏电阻器	常温型气敏电阻器
磁敏电阻器	热敏电阻器	加热型气敏电阻器	光敏电阻器
电阻排	无极性电容器	有极性电容器	可调电容器

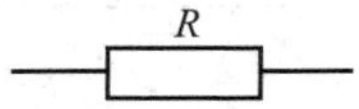

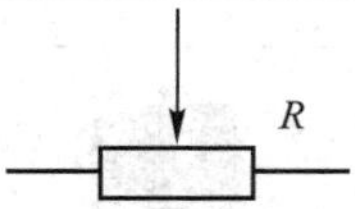

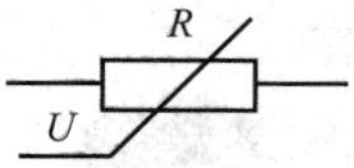

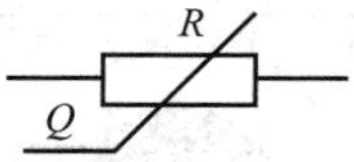

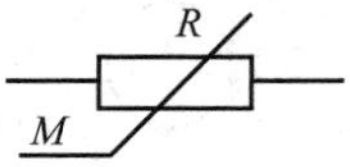

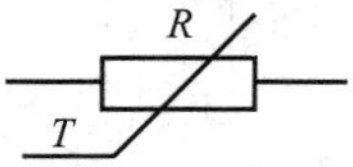

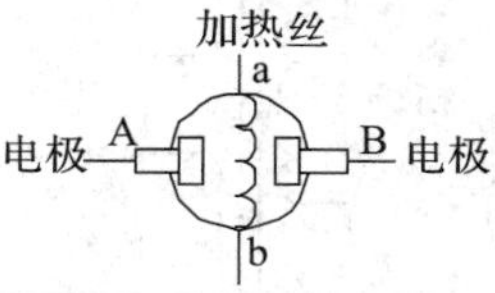

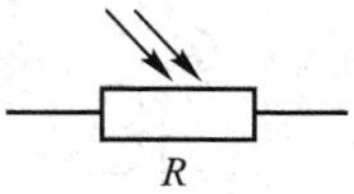

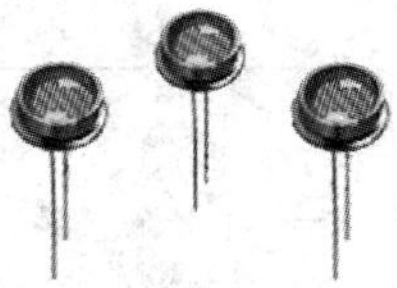

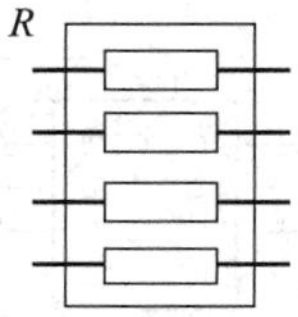

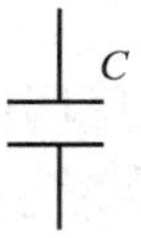

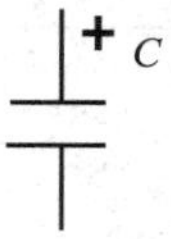

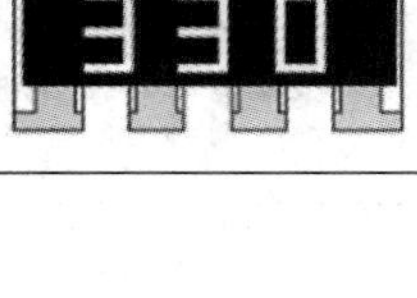

预调电容器	双联可调电容器	电容排	无磁芯电感器
有磁芯电感器	有高频磁芯电感器	有磁芯微调电感器	有磁芯有抽头的电感器
单输出变压器	多输出变压器	扬声器	电容式传声器
驻极体传声器	开关	轻触按键	开关排

发光二极管	LED数码管	继电器	直流电机
步进电机	二极管	三极管	场效应管
	VD	VT	D G S
运放	集成芯片	晶体	晶振
DIP-8 SO-8			

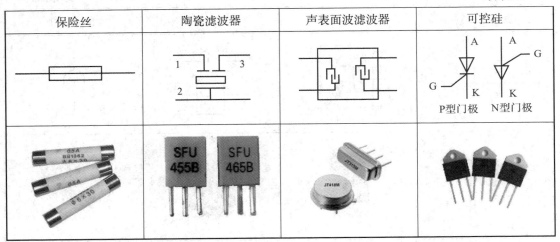

保险丝	陶瓷滤波器	声表面波滤波器	可控硅

1.2.2 元器件焊前检查

理论上讲，凡是作为商品提供给市场的电子元器件，都应该是符合一定质量标准的合格产品。但实际上，由于各个厂商生产要素（如设备条件、原材料质地、生产工艺、管理水平、检测水平、包装好坏等诸方面）的差异，会导致不同厂商生产的同种产品之间的差异，或同一厂商不同生产批次的差异。这种差异对使用者而言就会产生质量的不同。因此，对于全新的元器件，一般需要对其进行焊前检查。

1. 电阻的检查

电阻的检查方法非常简单，将万用表打到欧姆挡（如为指针式万用表则需根据阻值大小调整挡位），将红黑表笔分别接到电阻的两个引脚上，通过万用表读出电阻值，并通过《元器件识别与选用》一书讲解的方法找出电阻的标称值，计算出两值之间的误差，查看误差是否在标称范围内，如果在标称范围内，则表示阻值正确。

对于用于焊接的电阻，除了需要阻值正确外，还需检测以下事项：

（1）电阻是否为全新元件，出厂时间是否较短。时间过长的元件引脚可能被氧化，影响焊接效果，特别是引线式电阻，它与表贴式相比，由于暴露于空气之中，更易被氧化。

（2）当电阻为敏感型电阻时，需根据敏感类型检测电阻。如果为热敏电阻，则改变环境温度测量电阻阻值，观察电阻值是否变化；如果为光敏电阻，则改变环境光线强度测量电阻阻值，观察电阻值是否变化；如果为磁敏电阻，则改变环境磁场强度测量电阻阻值，观察电阻值是否变化等。

（3）当电阻为可调电阻时，调节可调旋钮，测量动片引脚与定片引脚之间的电阻，观察阻值是否变化。

（4）当电阻为功率类电阻（如大功率水泥电阻）时，需观察电阻体积的大小和电阻体上的标识，确定是否与需求相符。部分大功率电阻需安装散热片，安装时需考虑散热片的散热能力。

2. 电容的检查

电容的检测方法比较复杂，需使用LCR（电感电容电阻）参数测试仪测量其容量。部分数字式万用表也具有测量电容容量功能，只是测量准确度较低，如需进行准确测量，还需使用LCR参数测试仪。对于电容的耐压值测量，需使用高压发生器对其进行加压来测量。在批量焊接前的电容检测中必须测量耐压值指标，因为部分电容生产商生产的电容容量能达到标称值，但耐压值却达不到标称值。

对于电容的焊前检测，除了需要测量容量和耐压值外，还需检测以下事项：

（1）电容是否为全新元件，出厂时间是否较短。时间过长的元件引脚可能被氧化，影响焊接效果，特别是引线式电容，它与表贴式相比，由于暴露于空气之中，更易被氧化。

（2）对于电解类电容器，如果出厂时间较长，可能会导致电容器容量下降。当容量低于电容标称值最小值时，该电容失效。

（3）电容的生产商是否为知名生产商。小的生产商工艺可能存在缺陷，常见的问题是有极性电解电容的外壳塑料皮包装的正负极性反了，甚至还有的将长短引脚设置反了，即将长引脚设置在负极，导致通电测试时电容爆炸。

（4）电容的材质是否是所需要材质，如C0G、NP0、X7R、X5R、Y5V等，因为在一些特殊电路中对电容的材质是有要求的。

（5）对于电解电容，其容量、耐压值、直径、高度、引脚间间距等是否满足电路板焊接要求。

3. 电感的检查

如果需要检测电感的电感量，就需要使用LCR参数测试仪准确测量元件的电感量；如果只是简单检查一下电感的好坏，则方法比较简单，将万用表打到欧姆挡，将红黑两表笔分别接到电感两端，观察显示的电阻值，该值应该较小，常见值为小于1欧姆，部分可达几百欧姆。

需注意的是，电感不仅需要考虑电感量，更需考虑可以通过的最大电流值，通过电流的大小与电感线圈的线径相关，与电感量无关，故在大电流电路中应用的电感，必须满足该电路的线径要求。

电感的阻值（即上面所讲的用万用表测量到的电阻值）与线径和长度相关，故用万用表欧姆挡测到的值小到零点几欧姆、大到数百欧姆就好理解了。若既需要流过大的电流，又需要大的电感量，则该电感体积必然很大。

对于电感的焊前检测，除了需要测量电感量和考虑最大通过电流外，还需检测以下事项：

（1）电感是否为全新元件，出厂时间是否较短。时间过长的元件引脚可能被氧化，影响焊接效果，特别是引线式电感，它与表贴式相比，由于暴露于空气之中，更易被氧化。

（2）磁芯与线圈是否有松动。如果有松动，需通过浸漆固定，特别是磁棒类磁体，如果有松动，磁芯会从电感中脱离。

（3）对于需要流过大电流的电感，需提高线圈漆包线的绝缘度，应检查导线的绝缘层是否完好。

（4）电感在电路中除了需满足电感量和通过电流外，还需考虑电感的直流电阻，直流电阻阻值过大会影响电路的正常工作。

4. 二极管的检查

利用二极管的单向导电性即可检测二极管的好坏。将万用表拨到二极管测量挡，将红表笔接二极管P极（阳极，无横线端），将黑表笔接二极管N极（阴极，有横线端），这时万用表应显示一个测量值，即二极管的正向电压降。然后将两表笔交换，即将红表笔接二极管N极（阴极），将黑表笔接二极管P极（阳极），这时万用表应显示∞，表示不导通。

对于不同类型的二极管检测，需注意以下事项：

（1）检测发光二极管时，将万用表拨到二极管测量挡，将红表笔接二极管长引脚，黑表笔接二极管短引脚，这时二极管应发光（有时光线较弱，需在较暗的地方观察）。

（2）检测红外发光二极管时，因红外光线无法用肉眼观察，故可将万用表拨到电阻挡，将表笔放在不同的引脚上，分别测量其正向电阻值和反向电阻值。好的红外发光二极管正向电阻值应为(20 ~ 40) kΩ，反向电阻值应为500 kΩ以上。其反向电阻越大越好，如果反向电阻值只有几十千欧，表明管子的质量不好，如果正、反向电阻都是∞或0，表明该红外发光二极管是坏的，不能使用。

（3）检测稳压二极管时，需将稳压二极管通过电阻串联在直流回路中，且使稳压二极管的阳极接电源正极，阴极接电源负极，用万用表测量稳压二极管两端电压，观察该值是否是稳压二极管的稳压值。需注意的是，必须保证供电电源电压略大于稳压二极管的稳压值，测量才能准确。

（4）检测硅管与锗管时，其正向导通时，管压降是不同的，硅管的正向导通电压降为(0.6 ~ 0.7) V，锗管的正向导通电压降为(0.2 ~ 0.3) V。

（5）由于制作二极管的材料不同，其正、反向阻值的大小也是不同的。锗二极管的正、反向电阻值均小于硅二极管的正、反向电阻值。

（6）用不同型号的万用表或同一个万用表的不同量程测量同一个二极管正、反向电阻值时，其阻值不一定相同，它们之间可能有一定差值。

（7）在开路测量二极管时，主要是看在通电的情况下其管压降是否正常，如果管压降大于正常值很多，表明二极管开路；如果管压降小于正常值很多，表明二极管可能被击穿了（硅管正常压降为(0.6 ~ 0.7) V、锗管正常压降为(0.2 ~ 0.3) V）。

5. 三极管的检查

检测三极管可以利用万用表专用的三极管测试挡，也可利用万用表的二极管挡或电阻挡进行测量。在焊接前，检查三极管需要注意以下事项：

（1）三极管是否为全新元件，出厂时间是否较短。时间过长的元件引脚可能被氧化，影响焊接效果，特别是引线式三极管，它与表贴式相比，由于暴露于空气之中，更易被氧化。

（2）同一种型号的三极管，可能存在多种封装形式，不同的封装形式除了焊接方法不同外，还存在散热方式的不同，从而导致电路板可靠性的差异。

（3）不同型号的三极管，其参数存在差异，在考虑替换时，除了需要考虑电流、耐压值、放大倍数等参数外，还需考虑封装形式和引脚极性的差异。

（4）同一型号，不同厂家生产的三极管，其参数差异可能较大，在选择替换时必须充分阅读其数据手册。

（5）在使用大功率三极管时，需充分考虑散热问题，不良的散热设计会导致产品维修率大幅上升。

6. 场效应管的检查

可以利用万用表的电阻挡检测场效应管，在焊接前检查场效应管，还需要注意以下事项：

（1）场效应管是否为全新元件，出厂时间是否较短，时间过长的元件引脚可能被氧化，影响焊接效果，特别是引线式场效应管，它与表贴式相比，由于暴露于空气之中，更易被氧化。

（2）同一种型号的场效应管，可能存在多种封装形式，不同的封装形式除了焊接方法不同外，还存在散热方式的不同，从而导致电路板可靠性的差异。

（3）不同型号的场效应管，其参数存在差异，在考虑替换时，除了需要考虑电流、耐压值、控制电压等参数外，还需考虑封装形式和引脚极性的差异。

（4）同一型号，不同厂家生产的场效应管，其参数差异可能较大，在选择替换时必须充分阅读其数据手册。

（5）在使用大功率场效应管时，需充分考虑散热问题，不良的散热设计会导致产品维修率的大幅上升。

（6）场效应管对静电特别敏感，因此，当手拿元器件时，需佩戴防静电手环将人体的静电放完。

（7）场效应管是电压控制型器件，三极管是电流控制型器件，两者一般不可互换，在特殊情况下需替换时，要充分分析电路结构，如有必要，可修改部分电路。

7. 集成芯片的检查

对于集成芯片的检查，需要专用的检测设备，对于智能型元件，需要将程序烧写入芯片中，才能进行测试，否则芯片没有反应（这是对芯片用户而言，对于芯片生产商，它们有自己各自的测试方法）。常见的方法是将产品电路板进行改装，将电路板上需要测试的芯片加装芯片测试底座，将需要检测的芯片放在测试底座上，通电观察电路是否能实现所需功能。对于集成芯片的检查，通常需要注意以下几点：

（1）观察引脚是否弯曲变形，特别是QFP类特细的表贴式引脚，由于运输过程中的晃动碰撞，会导致引脚（特别是边角上的引脚）变形。

（2）如果是多次批量焊接的产品，则要观察这批次的芯片是否与上一批次一致，在一些新元器件中，元器件的版本更新可能不给出通知，不同版本的器件在性能参数上存在差异，导致上批次焊接没有问题的芯片，这一批次使用新版本的芯片反而出现问题。

（3）如果焊接时，集成芯片采用底座放置（即将芯片底座焊接于电路板上，再将芯片卡入底座中），需要检查底座引脚是否良好，芯片卡入底座后是否完全接触，底座与引脚间是否有弹性。

1.3 原理图的阅读

在焊接前阅读原理图，有利于焊接者进一步了解掌握电路的工作原理以及不同元件在电路中的作用，便于焊接者焊接出合格的电路板。如果是读者自己设计并焊接电路，则可跳过该步骤。

拿到一个电子设计的原理图后（有可能图纸较多，不止一张电路图），第一步就是要看懂它，即弄清电路由哪几部分组成、它们之间有什么联系、电路总的性能怎样，如果电路图有具体参数，还要能粗略地估算性能指标。

电子电路能够完成的主要任务是对信号进行采集、处理（放大、滤波、变换等）、输出

（显示、驱动、控制等），因此读图时，应以所处理的信号流向为主线，沿信号的主要通路，以基本单元电路为依据，将整个电路分成若干具有独立功能的部分，并进行分析。具体步骤可归纳为：了解用途、找出通路、化整为零、模块分析、统观整体。

1.3.1　电路认知

了解所读的电子设计的原理图用于何处、起什么作用，对于弄清电路工作原理、各部分的功能及性能指标都有指导意义。对于复杂的原理图，需要分析其总图和子图的关系，以期对电子设计的整体和局部有一个全面的认识。图1-3-1至图1-3-6给出了一个较复杂电子设计的电路原理图，它是一款工业缝纫机电机控制部分电路板的电路，用于采集外部控制信号、驱动电机(使缝纫机运转，实现缝纫功能)和驱动电磁铁(实现自动剪线、花式缝、拨线等功能)。

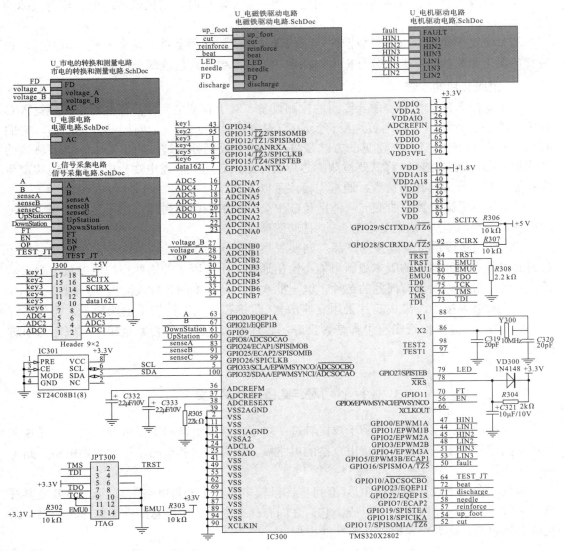

图1-3-1　DSP控制部分

由图1-3-1可以看出，该电路是电子系统的主控电路，用于采集外部信号和控制其他模块。在设计原理图时，将其他电路作为该电路的子原理图。DSP的最小外围电路非常简单，晶振与其匹配电容组成振荡电路，为DSP提供频率源；阻容元件与二极管组成复位电路，为DSP提供上电复位信号；JTAG接口用于给DSP烧录程序和控制程序仿真运行。

图1-3-2是无刷直流电机专用驱动电路，M611为光电耦合元件，将低压端DSP的驱动信号隔离传输给电机专用驱动芯片FSBB15CH60。非门74ALS14用于信号的缓冲和电平转换。

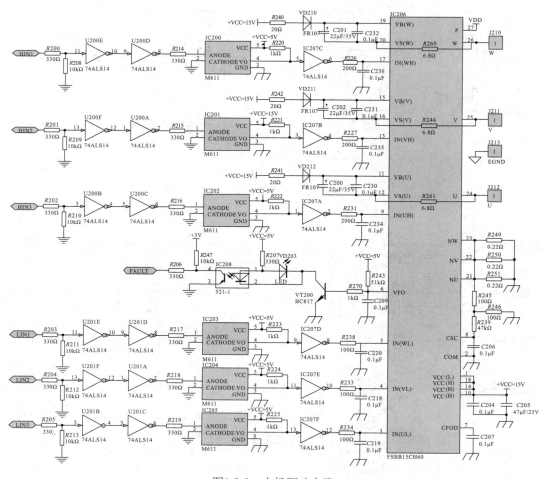

图1-3-2 电机驱动电路

图1-3-3是电磁铁驱动电路，DSP产生的电磁铁驱动信号，经74ALS14进行电平转换后驱动场效应管，再由场效应管驱动大功率电磁铁。

图1-3-4是信号采集电路，该电路将外部电路板经长线传输的信号变换后输入DSP芯片，因为信号经长线传输后存在变形、噪声、叠加等问题，需经阻容元件滤波后再经非门整形后方可送入DSP中，防止噪声信号进入DSP而产生失误操作。

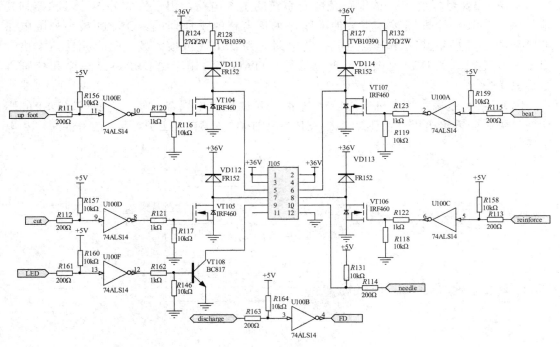

图1-3-3 电磁铁驱动电路

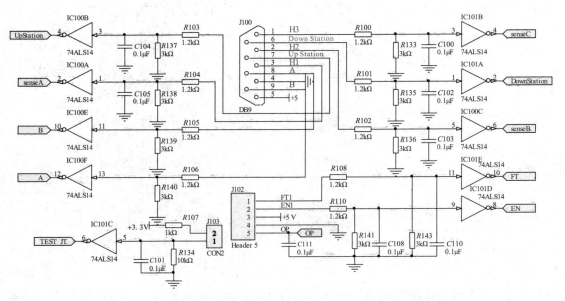

图1-3-4 信号采集电路

图1-3-5是市电的转换和测量电路，市电经由T1、C1、C2、C4、C5组成的EMC滤波器滤波后，再经整流桥整流和电容滤波后变成高压直流电，给直流无刷电机提供直流能源。U1和其外围电阻组成的分压电路用于测量高压电容C18处VDD的电压值，防止由于电机制动时对电容反向充电，使电容电压过高而损坏滤波电容的情况的发生。

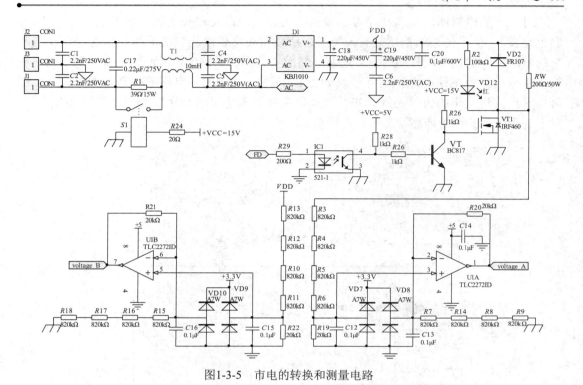

图1-3-5　市电的转换和测量电路

图1-3-6是电源电路，用于将市电整流滤波后的高压直流电源转换为元器件芯片需要的低压电源，该电源输出多路电压，分别用于给电机驱动芯片、电磁铁、DSP芯片等供电。

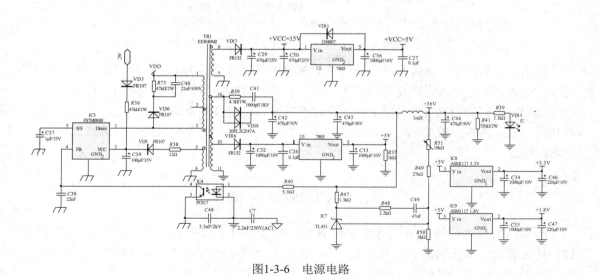

图1-3-6　电源电路

1.3.2　分析掌握电路功能

在仔细阅读了电路图后，需要找出信号流向的通路，便于掌握电路的具体工作状态。

对于一般电路图，输入在左方、输出在右方，电源正端在上方、电源负端在下方（面向电路图）。信号传输的枢纽是有源器件，所以可按它们的连接关系来找。对于层次较复杂的电路，一般先分析总图的信号通路，然后再分析各子图的信号通路。工业缝纫机电机控制部分电路板电路的总图信号通路如图1-3-7所示，该图为电路的控制示意框图，由图可以看出，将采集的信号送入DSP，由DSP判决处理电机运转速度和电磁铁的动作方式。对于各个子图的信号通路读者可自行分析。

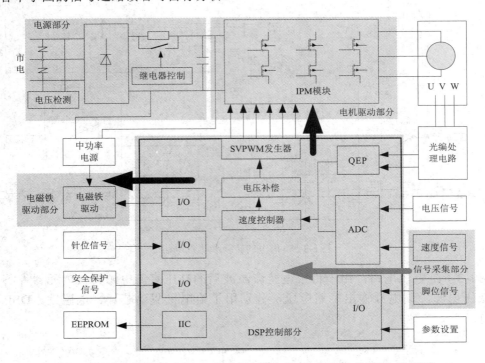

图1-3-7　工业缝纫机电机控制部分电路板电路的总图信号通路

找出信号通路后，就需具体分析该信号通路中具体元器件的用途，特别是特殊器件的用途，如放大电路中的运放特性、放大倍数、有无偏置情况等。根据不同的信号回路，将电路划分成不同的单元电路（模块），根据已有的知识，定性分析每个单元电路的工作原理和功能。最后将各个模块电路原理和功能进行组合分析，即可分析出整体电路的工作原理和功能特点。

1.4　PCB的阅读

阅读PCB分为阅读PCB软件画的PCB文件和观察PCB实物两部分，且需要与原理图进行对比阅读。PCB阅读的重点是找出不同模块在电路板中的位置、各个模块输入和输出信号的测试点位置、重要元件的焊接顺序、较重元件的固定方法等。

1.4.1　PCB文件与实物对比

PCB文件是制作PCB实物的"模板"，因此，制作出的PCB实物应与PCB文件一致。

一般情况下，PCB生产厂商不会将设计者的电路板制作错误，除非出现厂商所用PCB软件版本与设计者所用PCB软件版本不兼容问题。建议设计者将PCB文件通过软件生成的Gerber文件交由生产厂商，这样就不存在不兼容问题。

图1-4-1至图1-4-4给出了工业缝纫机电机控制部分电路板的PCB文件与PCB实物的正面和背面图，便于读者比较认识。

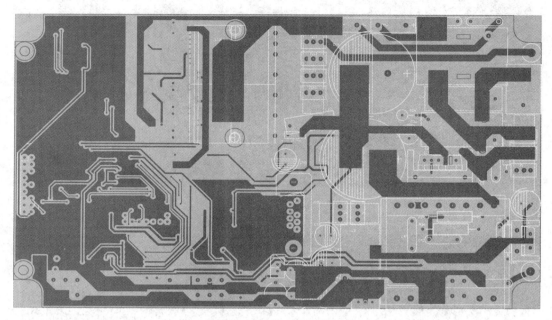

图1-4-1　PCB文件顶层

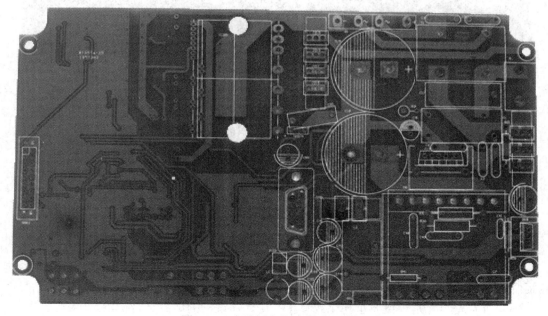

图1-4-2　电路板实物元件面（正面）

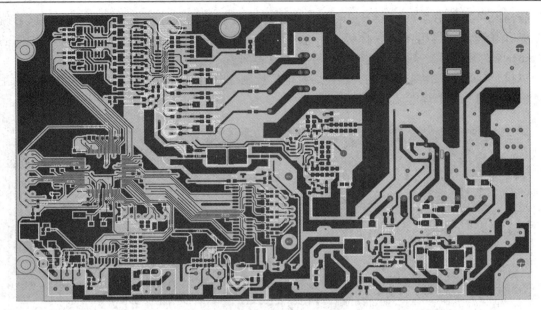

图 1-4-3   PCB文件底层

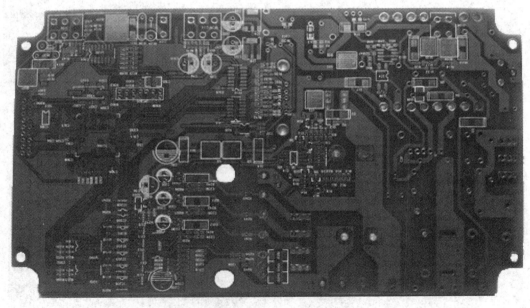

图 1-4-4   电路板实物元件面（背面）

对比PCB文件与实物需注意以下几点：

（1）查看电路板实物是否按要求留有一定的边宽，是否按要求留有微裁线。

（2）如果电路板面积较小，进行拼板时，应查看拼板方向是否一致，拼板中的单块电路板制作出错时，电路板是否标出。

（3）查看安装孔是否按要求孔化或禁止孔化，需铣槽的地方是否铣槽。

（4）如果设计时对大电流流过的导线留有锡膏层（加大电流通过能力），则需要查看阻焊是否镂空，镂空宽度是否合适。

（5）查看新设计封装是否正确。如为表贴式元件，将元器件放置在电路板上，查看是否容易放置，留有的焊接距离是否合适，便于焊接。如为引线式元件，则将元件引脚按要求折弯后（弯曲处需与元件本体留有一段距离，防止损伤元件），插入电路板后，查看焊盘孔大小是否合适，焊盘大小是否合适。

（6）查看电路板厚度、材质、铜箔厚度、阻焊、字符是否达到要求。电路板厚度和铜箔厚度可通过游标卡尺测量出，电路板材质的检测需要比较专业的知识，手中有不同材质的电路板则容易比较出是哪种材质。

（7）对于有特殊要求的电路板，还需要检查铜箔的附着力以及电路板的阻燃特性等。

1.4.2 原理图与电路板对比

查看原理图中不同模块在电路板中的区域和代表性元件（如MCU、变压器、继电器、接口等较大元件）在电路板中的位置，有助于焊接人员快速定位需要焊接元件的位置，加快焊接速度。对比原理图与电路板时需注意以下几点：

（1）查看类似元件在电路板中的位置，例如同一阻值的电阻，只有封装有所差异（如0603、0805）；或同一阻值，同一封装，只有精度有所差异（如±1%、±10%）。对于这种类型的元件，需特别注意，防止焊错。

（2）查看发热元件在电路板中的位置，是否需要加装散热器，判定散热器是先与元件固定再焊接到电路板上，还是先焊接到电路板上再与元器件固定。查看焊接完整的电路板上的散热器是否容易与元器件分离，即螺丝刀是否方便卸下固定螺丝，有无元件阻挡。

（3）查看较重元件在电路板中的位置，是否留有固定位置，便于将元器件绑定在电路板上。查看容易晃动元件是否便于点胶固定。

（4）查看电路板中调试接口的位置，调试点是否按要求断开。

（5）查看电路板中测试点的位置，是否便于连接测试仪器进行测试。

1.4.3 PCB实物划分

电路板可有两种划分方法，一种为焊接时的划分方法，通常划分为贴片元件焊接部分和引脚元件焊接部分。另一种为调试时的划分方法，通常按照电路的工作模块划分，如信号输入部分、放大部分和输出部分等。

1. 焊接时的划分

对于机器焊接而言，通常只分为贴片元件焊接部分和引脚元件焊接部分，焊接时先焊接贴片元件，后焊接引脚元件。焊接贴片元件需使用刷锡膏设备、贴片机和回流焊设备，焊接引脚元件需使用插装设备和波峰焊设备，如果无插装设备，则需进行手工插装。

对于人工焊接而言，应先焊接贴片元件，后焊接引脚元件。在焊接贴片元件时，机器焊接是用贴片机将所有贴片元件依次贴到电路板上相应位置，再统一送入回流焊设备进行一次性焊接。而手工焊接需要一个贴片元件焊接完成后再焊接下一个贴片元件，这就存在先焊接哪个元件的问题。下面是笔者焊接时摸索的一些经验，仅供参考。

（1）优先焊接智能贴片芯片。一般智能贴片芯片的引脚较多，且引脚密度较大（引脚间距非常小），难以焊接，且焊坏的概率较大，因此第一个焊接它，如果焊坏，则无需再焊接其他的元件。

（2）优先焊接引脚密度较大的其他逻辑芯片。同样的道理，焊坏的概率较大，如果焊坏，则无需焊接其他的元件。

（3）优先焊接电路板中使用同一元件个数最多的贴片元件，如上拉电阻、去耦电容等。

（4）焊接其他剩余贴片元件。

（5）焊接时先焊接高度最低的引脚元件，再焊接较高的引脚元件，直至全部焊完。

2. 调试时的划分

若按模块对电路板进行调试，在电路板设计时，一般将同一个模块的电路放置在一个区域中，相互之间的信号连接和供电电源通过短路跳线断开。在电路调试时，通过给模块一个一个的通电，对其进行调试，当所有模块调试通过后，再统一调试。

对电路板进行调试时，需注意以下事项：

（1）先调试电源部分，因为电源需要给电路板其他部分电路供电。如果电源电压异常，会导致电路板上其他芯片工作异常或损坏。

（2）在使用市电供电的电源设备中，需注意用电安全。如果设计的电源未使用变压器进行隔离，即使是低压电源也不可触摸。

（3）电源调试完毕后，需先调试信号输入模块，再调试信号输出模块。因为只有输入信号正常的情况下，才能得到正确的采样，才有可能输出正确的信号。

（4）对于一些专用的芯片，如24C02、DS1302、CC1100等，需要MCU对其进行控制，因此，需要调试软件程序是否正确。

（5）在调试软件前，需要使MCU能够正常启动，因此，需调试MCU外围电路，如复位电路、晶振电路等。

（6）对于不能正常工作的模块应标明现象，放置一边，当一个批次所有电路板调试完毕后，将出现相同现象的模块放置在一起，这样，只要找出一个电路板的故障原因，则这几块相同问题的电路板都能维修好。

（7）调试过程中，需详细记录调试信息，特别是故障现象及维修过程，为以后批次的电路调试留下数据和经验。

习　　题

1-1　怎样区分电路板的层数、材质、厚度，不同类型的电路板在焊接时需要考虑哪些问题？

1-2　在焊接前怎样检查电路板？

1-3　电路板的厚度与沉铜厚度是否有关系？怎样测量电路板的沉铜厚度？同样线宽条件下，沉铜厚度与流过电流的关系是什么？

1-4　电路板焊接前需要经过哪几个检查步骤？

1-5　怎样在焊接前检查待焊元器件？怎样保证元器件的合格率？

1-6　怎样对照原理图划分电路板功能模块？

1-7　电路板调试中怎样划分调试区域？

第2章 手工焊接

装配和焊接是电子设计制作中最重要的环节，关系到产品的成功与否及性能的优劣。对于设计人员而言，手工焊接是必备的基本技能，焊接质量的高低直接决定了电路板的调试难易程度和调试成功率的高低。

2.1 常用手工焊接工具

为了便于手工焊接，人们利用自己的智慧设计出各种各样的焊接工具。了解特殊焊接工具和掌握一定的焊接技巧，在遇到特殊焊接问题时就可快速解决。

2.1.1 电烙铁种类

电烙铁是焊接的主要工具，作用是把电能转换成热能对焊点部位进行加热，同时熔化焊锡，使熔化的焊锡与被焊金属形成合金，冷却后被焊元器件就会通过焊点牢固连接。

电烙铁的类型主要有内热式电烙铁、外热式电烙铁、吸锡式电烙铁和恒温式电烙铁等。常见的焊接工具如表2-1-1所示。

表2-1-1 常见焊接工具

名称	外形图	说　　明
内热式电烙铁		它的发热芯安装在烙铁头内部，通过烙铁头向外散热，故它的烙铁头需要包裹发热芯，体积较大，因而烙铁头成本相对较高
外热式电烙铁		它的发热芯安装在烙铁头外部，对外散热面积较大，烙铁头相对较小，发热快，更换比较容易
吸锡式电烙铁		带有吸锡器功能的电烙铁，它能将堵塞焊盘的焊锡熔化并自动吸出，便于调试维修

名称	外 形 图	说　明
恒温式电烙铁		能自动控制烙铁头温度的电烙铁，在焊接一些对温度有要求的元件时使用较好，且该烙铁便于初学者学习时使用
热风枪		用于熔化电路板上多引脚的表贴式元器件，如SO、QFP封装的元器件，使多引脚表贴元件的拆除变得非常容易。在拆卸元器件时，需根据元器件的外形选择热风枪的喷嘴。它还可以用于收缩热缩套管，在没有热熔枪时熔化热熔胶
烙铁架		烙铁无论发热与否，必须放置在烙铁架中，这是一种良好习惯。烙铁架有多种，选购能完全包裹烙铁发热体部分的烙铁架，即使发热的烙铁长时间放在烙铁架上，用手触摸烙铁架表面任何部分，也不会烫伤
锡锅		将焊锡放在可加热的锅形容器中，制作成锡锅，用于浸焊。在选择锡锅时，需根据使用场合选择其大小和功率

　　根据需要焊接元器件引脚的不同特点，选择不同外形的烙铁头，常见的烙铁头外形如图2-1-1所示，这些烙铁头可用来处理大部分的焊接任务。非常精细的、几乎是针状的烙铁头可用于焊接引脚间距特别小的元器件，如QFP封装的集成电路，这样封装的元件引脚距离非常近。

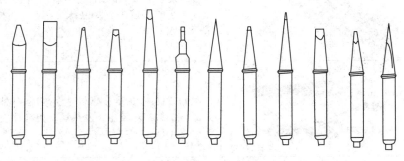

图2-1-1　不同类型的焊接烙铁头

　　更大一些的、凿状和棱锥烙铁头可以存储、传导更多的热量，可用于更大的、更宽距离的焊接点。弯凿类烙铁头可以到达一些很难接触到的焊接区域。不考虑烙铁头的类型时，最好使用经过电镀的烙铁头，与粗铜烙铁头相比，前者有更长的使用寿命。

　　烙铁头采用热传导性好的以铜为基体的合金材料制成，如铜－锑、铜－铍、铜－铬－锰及铜－镍－铬等铜合金材料。普通铜质烙铁头在连续使用后，其作业面会变得不平，需用锉刀锉平。所以新的电烙铁在使用前，必须先给烙铁头挂上一层锡，俗称"挂锡"。具体方法是：先接通电烙铁的电源，待烙铁头可以熔化焊锡时用湿的木棉布将烙铁头上的漆擦掉，再用焊锡丝在烙铁头的头部涂抹，使尖头覆盖上一层锡。也可以把加热的烙铁头插入松香中，靠松香除去尖头上的漆，再挂锡。对于紫铜烙铁头，可先用锉刀锉掉烙铁头上的氧化层，待露出紫铜光泽后，再按上述步骤挂锡。

　　给烙铁头挂锡的好处是保护烙铁头不被氧化，并使烙铁头更容易焊接元器件。一旦烙铁头"烧死"（即烙铁头温度过高使烙铁头上的焊锡蒸发掉，烙铁头被氧化烧黑），就无法再焊接元器件，这时需要用小刀（或锉刀）刮掉氧化层，重新挂锡后才能使用，所以当电烙铁较长时间不使用时，应拔掉电源防止电烙铁"烧死"。

　　注意：对于表层镀有合金层的烙铁头，不能够采用上述的方法，可以用湿的木棉布或海绵去掉烙铁头表层的氧化物。

　　建议：许多书籍都建议使用针状烙铁头焊接非常细密的元器件的引脚，而笔者则不建议这样焊接，因为针状的烙铁头很容易弄弯细密的引脚，笔者常用扁平宽的烙铁头焊接各种元器件，且焊接效果很好。

2.1.2　辅助材料

1. 焊料

　　焊料是一种易熔的金属合金，它能使元件引线与印制电路板连接在一起，形成电气互连。焊料的选择对焊接质量好坏有很大影响。焊锡丝一般由锡(Sn)加入一定比例的铅和少量其他金属制成熔点低、流动性好、对元器件和导线的附着力强、机械强度高、导电性好、不易氧化、抗腐蚀性强、焊点光亮美观的焊料。常见焊料如表2-1-2所示。

表2-1-2　常见焊料

名　称	外形图	说　明
管状焊锡丝		助焊剂夹制在焊锡管中，常用的规格有0.5mm、0.8 mm、1.0 mm、1.5 mm、2.0 mm等10多种。这类焊锡丝适用于手工焊接
抗氧化焊锡（焊锡条）		在锡铅合金中加入少量的活性金属，能使氧化锡、氧化铁还原，并漂浮在焊锡表面形成焊锡保护层。这类焊锡适用于浸焊和波峰焊
焊锡膏		在机器焊接表贴元器件时，将焊锡膏刷在表贴元器件的焊盘上，再用机器贴装表贴元器件，然后用回流焊设备加热电路板，使锡膏受热熔化，将元器件与焊盘焊接到一起

2. 助焊剂

助焊剂具有清除金属表面氧化物和其他污染物，在加热过程中防止焊料继续氧化，增强焊料与金属表面的活性、增加浸润的作用。常见助焊剂的主要性能如表2-1-3所示。用于电子设备的助焊剂应具有无腐蚀性、高绝缘性、长期稳定性、耐湿性、无毒性等特性。树脂类助焊剂中以松香助焊剂使用最广。松香可直接做助焊剂使用，也可配成松香酒精溶液作为助焊剂，效果会更好些。松香酒精溶液的配方如下：22%松香，67%无水乙醇，1%三乙醇胺。

表2-1-3 常见助焊剂

种 类	主要性能	适用范围
无机类助焊剂	化学作用强、腐蚀性大、焊接性非常好。其代表性的助焊剂由氧化锌(75%)和氯化铵(25%)组成。熔点为180℃	由于具有强烈腐蚀作用，不能在元器件焊接中使用，只能在特定场合使用
有机类助焊剂	可焊性好。这类助焊剂由有机酸、有机类卤化合物以及各种胺盐树脂等合成	由于具有一定程度的腐蚀作用，仅在一般要求不高的场合中使用
树脂类助焊剂	可焊性好、无腐蚀作用。在焊接时没有什么污染，且焊后容易清洗。成本低	广泛地应用于各类电子设备的装接生产中
氢化松香	氢化松香是目前一种新型的助焊剂，它是由普通松香提炼出来的一种物质。它在常温下不易氧化变色、软化点高、脆性小、酸值稳定、无毒、无特殊气味，残渣易清洗	适用于波峰焊接

对于手工焊接而言，松香是一个不错的选择，如图2-1-2所示，它常用于印制电路板和集成IC、小线径线头的焊接，起到助焊和阻焊的作用。将松香饱和溶解于无水酒精，做成松香溶液，使用时将其涂覆于需焊接处，也可起到助焊的作用，只是比较黏手。笔者不太喜欢使用松香溶液，而常使用松香作为助焊剂焊接，然后再使用无水酒精清洗。

图2-1-2 松香实物图

3. 阻焊剂

阻焊剂是一种耐高温的涂料。在焊接时可将不需要焊接的部位涂上阻焊剂保护起来，使焊接仅在需要焊接的焊点上进行。目前阻焊剂在电路板制作的工序中已经加入，将电路板不需要焊接的部分全部用阻焊剂涂覆，保护电路走线，同时防止走线在焊接时粘上焊锡而短路。读者无需过多关心该步骤，只需在电路板生产商生产电路板前，告知其过孔是否需要阻焊化，一般默认过孔阻焊化，焊盘不阻焊化。如果需要电路板中某个孔不被阻焊化（在测试电路板时作为测试孔），则需要将该孔放置成焊盘孔。具体方法可参考该丛书系列的《基于Altium Designer的电路板设计》一书。

4. 胶黏剂

胶黏剂又称黏结剂，广泛地应用于电子设备整机装配工艺上，常用胶黏剂如表2-1-4所示。

表2-1-4 常用胶黏剂

名称	实物图	说明
704硅橡胶		704硅橡胶凝固后比较柔软，常用于固定元器件。它刚挤出的外形与硅脂相似，但不可用于硅脂的导热场合
302胶（哥俩好）		环氧树脂凝固后没有柔性，常用于黏结各种断裂部件，也常用于裸片IC芯的掩膜封装，但完全凝固需要24小时以上
502胶（瞬间强力胶）		502瞬间强力胶是一种快干胶水，可用于需要快速黏结的场合，但该胶水干后容易断裂，如要长期使用，建议采用环氧树脂黏结。它可用于各种金属和非金属的黏结，也可用于大面积黏结。但不适用于聚乙烯、聚丙烯、聚四氟乙烯塑料黏结
导热硅脂		导热硅脂不是胶，不可用于黏结物品，它是一种用于导热的中间传导材料，常用于涂覆需要散热的元件与散热器之间缝隙处，增强散热器的散热性能
热熔胶		热熔胶是一种类似于塑料的胶黏物，在一定温度下熔化，可用于固定电路板上的元器件，虽然该胶与塑料的黏合性较好，但与其他物体黏合不牢靠

注意：刚挤出的白色704硅橡胶（未凝固）与导热硅脂外形一样，有些学生误将704硅橡胶涂覆于CPU芯片上，再固定CPU散热器，用于计算机CPU散热，结果可想而知，因为704硅橡胶凝固后不但起不了导热的作用，还会阻碍元器件的散热。

2.1.3 电烙铁的使用

1. 电烙铁的握法

使用电烙铁的目的是为了将元器件焊接到电路板上，不能烫伤、损坏导线和元器件，为此必须掌握电烙铁的正确握法。

手工焊接时，电烙铁要拿稳对准，可根据电烙铁的大小、烙铁头的外形和被焊件的要求不同，决定手持电烙铁的手法，常见电烙铁的握法如表2-1-5所示。

表2-1-5 常见电烙铁的握法

名 称	图 示	说 明
反握法	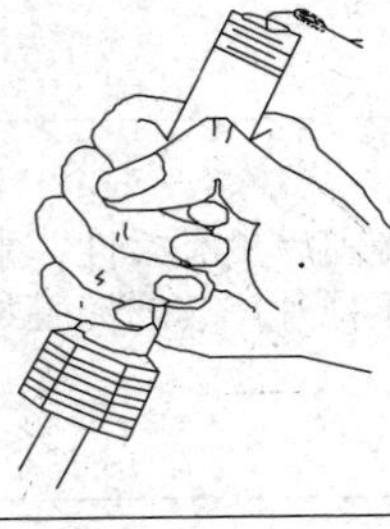	这种握法焊接时动作稳定，长时间操作不易疲劳，适用于大功率烙铁的操作和焊接热容量大的被焊件
正握法	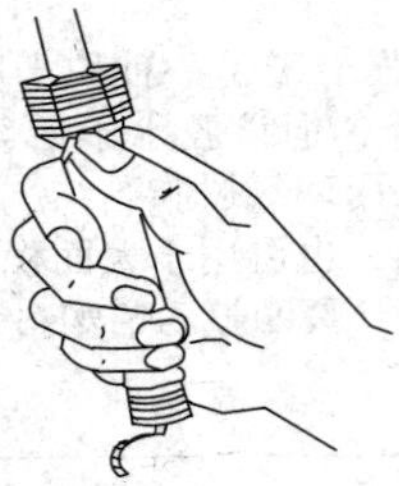	这种握法适于中等功率烙铁或带弯头烙铁的操作。一般在操作台上焊印制板等焊件时，多采用正握法
握笔法	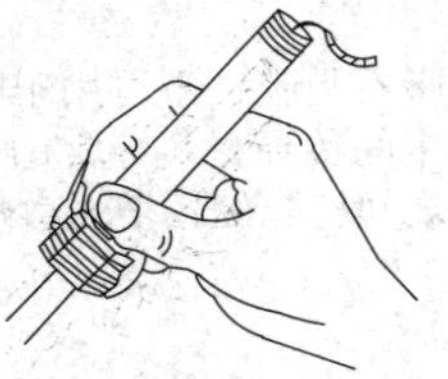	这种握法类似于写字时手拿笔的姿势，易于掌握，但长时间操作易疲劳，烙铁头会出现抖动现象，适用于小功率的电烙铁和热容量小的被焊件。常用元器件的焊接采用30 W左右的电烙铁时，都采用这种握法

2. 焊锡丝的拿法

手工焊接时，一手握电烙铁，另一手拿焊锡丝，使电烙铁熔化焊料，并将其凝固在电路板的元器件引脚上。拿焊锡丝的方法一般有两种，如表2-1-6所示。

表2-1-6 焊锡丝的拿法

名 称	图 示	说 明
连续锡丝拿法	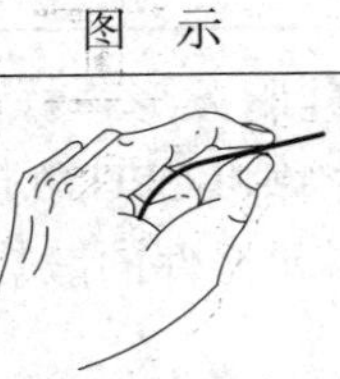	用拇指和食指握住焊锡丝，其余三手指配合拇指和食指把焊锡丝连续向前送进，这种拿法适于成卷焊锡丝的手工焊接
断续锡丝拿法	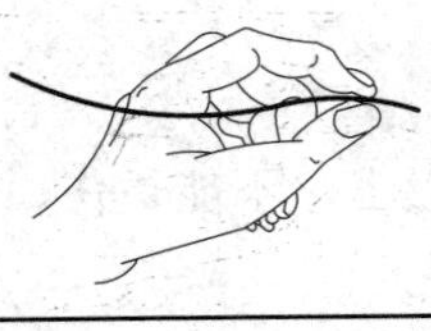	用拇指、食指和中指夹住焊锡丝。这种拿法，焊锡丝不能连续向前送进，适用于小段焊锡丝的手工焊接

提示：在实际焊接操作过程中，并未过多区分焊锡丝的拿法，以读者实际操作中顺手的拿法为宜。

3. 使用电烙铁时的注意事项

对于电烙铁，在使用时应注意如下几点：

（1）由于焊剂加热挥发出的气体对人体是有害的，所以在焊接时应保持烙铁头距口鼻的距离不少于20 cm，通常以30 cm为宜。

（2）由于焊锡丝成分中铅占有一定的比例，因此，操作后必须洗手，以避免食入铅。

（3）电烙铁使用前要检查电源线是否损坏，烙铁头内部发热芯是否与电源引线间连接。通电后应用测电笔检查烙铁头是否漏电。

（4）根据焊接对象合理使用不同类型的烙铁头，初学者焊接印制电路板常习惯采用圆锥形烙铁头，笔者比较喜欢采用扁平烙铁头。

（5）使用过程中不要任意敲击烙铁头，以免损坏。内热式电烙铁连接杆的管壁厚度较薄，不能用钳子夹，以免损坏。内热式电烙铁头不能用锉刀锉，在使用过程中应经常维护，保证烙铁头挂着一层薄锡。当烙铁头上有杂物时，用湿润的耐高温的海绵或木棉布擦拭。

（6）使用烙铁时，禁止向外甩锡，以免伤到皮肤和眼睛。

（7）新用的烙铁头应首先挂锡。

（8）根据不同焊接件，应选用不同功率的烙铁，焊接印制板时，通常选用30W的电烙铁。

（9）对于吸锡式电烙铁，在使用后要马上压挤活塞清理内部的残留物，以免堵塞。

（10）在使用湿的木棉布擦拭烙铁头时，需注意木棉布的含水量，干的木棉布会被高温烙铁头烫坏，且起不到清洁烙铁头的作用。而含水量过多的木棉布会使高温烙铁头表面温度快速降低，无法清洁烙铁头杂物残留，且容易氧化烙铁头，导致烙铁头损坏。一般情况下是先将木棉布用水完全打湿，再用手轻捏木棉布，将多余水分挤出即可使用。

（11）当短时间不使用电烙铁时，需将烙铁放入烙铁架中，不可将加热的电烙铁搁置于烙铁架上，必须放入烙铁架插孔中，且保证烙铁架插孔温度不会因放入烙铁而烫伤人体。

（12）烙铁通电后，不可以用手触摸烙铁头来检测其是否发热，可将烙铁头放在鼻子下，闻一闻其是否发热，当然需注意保持一段安全距离。

（13）电烙铁只可作为焊接元器件使用，不可用于烫其他物品(如塑料线皮、热熔胶棒等)，以免产生刺激性气味。

2.1.4 其他常用工具

在电路板焊接过程中，除了必需的焊接工具电烙铁和焊锡外，在处理一些特殊的问题时，可能还需要特殊的应用工具。下面介绍在电子制作过程中可能需要应用到的工具。

1. 压线器

压线器的功能是将导线和金属接触件压接到一起，使金属接触件与导线内金属导体电气连接，由于导线的类型、线径各不相同，接线端子花样繁多，故需要各种不同的压线工具满足不同导线的压接需求，常见压线器如表2-1-7所示。

表2-1-7 常见压线器

名称	外形图	说　明
排线压线器		用于压接图2-1-4(a)所示的双排插接的排线，在压接时需注意排线和连接端子上1脚的方向，如果排线压反，会导致电气连接错误。在压接时需注意将压接头的"凸"口放入压接槽的相应位置
单针压线器		用于压接图2-1-4(b)所示的单排插接的排线，在压接时需根据不同的压接头和导线线径选择不同的压接口。如果压线器上没有合适的压接口，则需要更换压线器上的牙口，同时需要根据压接力的要求调节压接力
网线压线器		用于压接网线和电话线的水晶头，需根据需要剥离网线外皮和芯线外皮
导线		用于元器件引脚之间的电气连接，也可用单针压线器将其压接成排线用于两电路板之间的连接

不同的导线应用场合互不相同，需要的接插件也不尽相同，对于导线的选择，建议如下：

（1）对于多组信号走线，且对空间有较高要求的场合，建议使用微式排线，如图2-1-3所示，图中排线在22 mm宽度时达到50根，该排线非常适用于显示屏和光驱等信号线的柔性连接，一般该排线需按要求定制。

图2-1-3　微式排线

对于多组信号走线，还可以采用双排插接或单排插接的排线，如图2-1-4所示，这是一种常用的排线，可根据需要手工压接，也可用机器批量压接。

（2）对于较大功率的驱动线（(1～5) A），需要采用较粗线径的动力线，如图2-1-5所示，这种线适用于较大电流，同样需采用大电流连接器。

(a) 双排插接的排线

(b) 单排插接的排线

图2-1-4　双排插接或单排插接的排线　　　　图2-1-5　较大电流导线

2. 拾取元器件用具

在焊接较大元器件时（如AXIAL0.6封装的电阻），可以用手直接拿元件并固定于电路板上，而对于较小元件或非常小的元件（如0603封装的电阻），无法用手直接拿起并固定于电路板上，这时就需要借助一定的工具，常用拾取元器件的工具如表2-1-8所示。

表2-1-8　常用拾取元器件的工具

名　称	外　形　图	说　明
尖头镊子		尖头镊子用于镊取小体积元件，如0603、0805封装的元件
平头镊子		平头镊子用于镊取较大元件或弯折元件引脚
贴片IC用吸笔		在焊接表贴式IC时（如封装为SO、QFP、QFN等系列的元件），如果直接用手拿放，很难准确放置，这时就需要专用的IC吸笔，根据不同元器件的大小，选择不同的吸嘴。在使用时，将吸嘴正对IC的表面，按下吸笔的按钮，吸起IC芯片，放置到需要的位置，然后使用电烙铁将IC固定于器件焊盘上，固定后松开吸笔按钮，放开元器件
IC起拔器		对于PLCC封装类的元器件，在焊接时一般会加装元器件底座，便于更换，如需将元器件从底座中取出，则需要专用的起拔器

建议：镊子应选用不锈钢材质的，要求弹性好，尖头吻合良好，总长度(110～130) mm为宜。医用小镊子亦是一个不错的选择。

3. 钳子

钳子是机械加工中常用的工具，在电子制作中也经常使用，如折弯粗引脚元件的引脚、剪断引脚多余部分、剥除导线外皮等，都要用到钳子。电子制作中常用的钳子如表2-1-9所示。

表2-1-9　电子制作中常用的钳子

名称	外形图	说　明
尖嘴钳		尖嘴钳头部较细，它的作用是用来夹小型金属零件、折弯元件引脚使之成型。尖嘴钳适用于狭小空间的操作，在使用时可以平握，也可以立握。它还可弯折较粗的元器件引脚，或将两根导线拧到一起
手术钳		医用直头手术钳与尖嘴钳用途类似，在许多情况下用起来比尖嘴钳还要方便。这种直头手术钳不但具有很好的夹持力，而且具有夹紧保持功能，在焊接小元器件和拆卸电子装置时非常有用
平头钳		平头钳由钳口、齿口、刀口、钳柄和钳柄上可耐500 V电压的绝缘套组成。 平口钳功能较多，可以夹持、弯扭和剪切金属薄板，剪断较粗的金属线，还可以用来剥去导线的绝缘外皮，拧动螺母等。根据需要分别使用钳头的不同位置，钳口用来夹持导线线头、弯绞导线及金属丝，齿口用来固紧或起松螺母，刀口用来剪切导线及金属丝或剖开导线线头的绝缘层
鱼口钳		鱼口钳具有鱼口半径调节功能，通过调节鱼口半径，使它比平头钳口张开的范围更大。对于不同半径的螺母具有广泛的适应性
剪线钳		剪线钳（又称斜口钳）的刀口较锋利，主要用来剪切导线、元件引脚多余部分等。 斜口钳的刀口和钳头在同一平面上，斜口钳的主要功能跟剪刀差不多，但由于它的刀口比较短和厚，所以可以用来剪切比较坚硬的元件引脚和较粗的连接线。有的斜口钳刀口处还有小缺口，专门用来剥电线外皮
指甲钳		采用指甲钳修剪电路板焊接后的多余引线也是一种不错的选择，但是当引线较粗时可能会损坏指甲钳，故修剪时，需注意被修剪引脚的粗细度

名称	外形图	说　明
剥线钳		剥线钳用来剥除导线上的护套层。 剥线钳是用于剥除导线端部绝缘层的专用工具。剥线钳的钳头刀口处有口径为（0.5～3）mm的多个切口，不同剥线钳的口径范围互不一样，根据实际要求选择使用不同的口径的剥线钳，不可损伤芯线

提示： 在使用剪线钳去除导线的绝缘外皮时，要控制好刀口咬合力度，既要咬住绝缘外皮，又不能伤及绝缘层内的金属线芯。使用时要注意不能用来剪硬度较大的金属丝，以防止钳头变形或断裂。

4. 刀具

在电子制作过程中还需要使用到各种刀具，用于刻、剪、拧、锉等操作，常用刀具如表2-1-10所示。

表2-1-10　常用刀具

名称	外形图	说　明
美工刀		美工刀可用于刮削被氧化的引线式元件的引脚氧化层，刻断电路板上错误的走线。美工刀分为5 cm和10 cm宽度的规格，可根据实际需要选择，由于刀片沾水易氧化腐蚀，故用完后需将刀片表面擦拭干净
刻刀		刻刀的用途与美工刀类似，只是它更适合刻断电路板上较宽的走线
剪刀		剪刀主要用来剪切各种导线、细小的元件引脚，以及套管、绝缘纸等，还可以用它来剥除导线的绝缘皮，起剥线钳的作用。 建议购买优质"钢线剪刀"，因为其刀口锋利并带有防滑牙，手柄带有使刀口自动张开的弹簧和关闭刀口的挂钩，可轻松剪切2mm厚的铁皮

名称	外形图	说　明
螺丝刀	一字螺丝刀 十字螺丝刀	螺丝刀又叫改锥或起子，是电子制作中常用的一种工具。螺丝刀的种类很多，按头部形状不同，可分为"一"字形、"十"字形、"△"形等多种形状，分别用以拧动不同槽型的螺钉。 　　使用螺丝刀时，需根据螺丝的大小、头型，选择螺丝刀的刀头，不可使用不合适的刀头硬拧。 　　选购螺丝刀时，可选购组合套件，它配有多种规格的刀头和手柄，便于选择和使用
长柄螺丝刀		在某些电子产品中，有些螺钉安装深度较深，需要长柄螺丝刀才能对其进行操作，同样，长柄螺丝刀也具有不同大小、不同形状的头型
无感螺丝刀		在电路调试阶段，通常需要通电调节可调电容或中周，这时就需要使用无感螺丝刀，它是使用塑料制作而成，具有无感特性，不会影响电路的调节结果，有利于准确调节电路
锉刀		锉刀可以用来锉平机壳开孔处、电路板切割边的毛刺，以及锉掉烙铁头上氧化物等，锉刀规格很多，可选小型平锉、三角锉等，以满足不同场合的需要。建议购买锉刀套件，它一般配有平锉、三角锉、方锉、半圆锉、扁平锉、圆锉等。钢锉的齿纹又分为单齿纹和双齿纹两种，这种套件适应性较强，在加工机壳上各种形状和大小的安装孔时尤其合适

　　提示： 无感螺丝刀不可用于普通螺丝刀使用的场合，它的刀头不可使力，如果用其拧螺丝会损坏刀头。

5. 简单机械加工工具

　　在电子制作中，经常需要对电路板或散热铝板进行一些简单的加工，这就需要准备一些常用的简单机械加工工具，如表2-1-11所示。

表2-1-11　常用的简单机械加工工具

名称	外形图	说　明
内六方扳手		在一些机电设备中，常常用到内六方型的螺钉，这时就需要使用内六方扳手。在使用内六方扳手时需根据空间和力臂选择长短端，并根据螺钉大小选择内六方扳手的大小

续表

名称	外形图	说　明
套件		在实践操作过程中准备一套多功能套件是一个不错的选择，它有各种常见的和特殊的刀头，在设备维修中可打开和装配各种类型设备
手电钻		手电钻是一种携带方便的小型钻孔用工具，它主要用于在金属板、电路板或机壳上打孔。由小电动机、控制开关、钻夹头和钻头几部分组成。手电钻的规格是以钻夹头所能夹持钻头的最大直径来表示的，常见的有Φ3 mm、Φ6 mm、Φ10 mm、Φ13 mm等几种
微型手电钻		建议购买Φ3 mm规格，它配有Φ0.5 mm、Φ1 mm、Φ1.5 mm、Φ2 mm、Φ2.5 mm、Φ3 mm共6种规格的钻头夹，以及与钻头夹适配的钻头，市电转12V电源变换器，4个小砂轮等，可用于钻孔、打磨、抛光，是加工电路板和机壳等时非常合适的工具
手钢锯		手钢锯一般只用来割锯各种体积不大的金属板或电路板等，购买小号的手钢锯就能满足需要，常见有200 mm、250 mm、300 mm长的锯条，在锯弓上安装锯条时，锯齿尖端要朝向前方，锯条的松紧要适中，一般以两个手指能把紧固锯条的元宝螺母拧紧为度
丝锥		丝锥主要用于自制散热器时，在铝板上使用手电钻打孔后攻丝用，攻完丝后就可以安装螺钉。根据需要安装螺钉的大小选择丝锥的大小，常用于固定元器件的螺钉为Φ3 mm，则手电钻的钻头为Φ2.8 mm，丝锥为Φ2.9 mm和Φ3 mm。第一遍采用Φ2.9 mm攻丝，第二遍采用Φ3 mm攻丝
注射器		医用注射器，可用于吸入酒精，在丝锥对钻孔攻丝时，由于攻出的铝屑堵塞钻孔，使丝锥无法继续攻丝时，可注入酒精清洗钻孔，这样就可继续使丝锥向前攻丝。 　医用注射器还可以吸取酒精，清洗电路板。还可以安装针头，作为捅针使用
台钳		台钳可用来夹紧各种工件，以便割锯、锉削、打孔等。这种小型台钳附有小垫铁，可用锤子在它上面敲打小金属板、砸铆钉等。但不可在它上面敲击大体积的工件，容易砸坏台钳

提示： 使用手电钻打孔前，一般先要在钻孔的位置使用尖头冲子冲出一个定位小坑。尖头冲子可用普通水泥钢钉代替，钻头应和加工件保持垂直，用手施加适当的压力。刚开始钻孔时，要随时注意钻头是否偏移中心位置，如有偏移，应及时校正。校正时可在钻孔的同时适当给手电钻施加一个与偏移方向相反的水平力，逐步校正。

6. 其他辅助工具

除了以上一些常用工具外，读者可能还需要一些其他的辅助工具，如表2-1-12所示。

表2-1-12　其他辅助工具

名称	外形图	说　明
吸锡器		当电路板焊接出错时，就需要将焊错的元件卸下，这时就需要使用吸锡器。选择吸锡器时需选择耐高温的吸嘴。当烙铁头烫化焊盘上的焊锡时，需快速移开烙铁头，并同时将吸锡器的吸嘴正对焊盘，并按下吸锡按钮，通过强大的吸锡气流吸出焊锡，吸完锡后需按下吸锡头，将腔体内的焊锡排出
捅针		捅针用于穿透电路板上被焊锡堵塞的元器件插孔。常见捅针有两种，一种为实心的，用于穿透没有焊元器件而堵塞的插孔；另一种为空心的，用于穿透焊有元器件而堵塞的插孔，空心用于放入元器件引脚。根据插孔的大小，可选择不同孔径的捅针。 捅针应选用不锈钢材质的，刚性良好的，以保证其不粘焊锡。医用不锈钢针头亦是一个不错的选择
放大镜台灯		为了看清电路板上元件密集引脚（如QFP100封装元件引脚）焊的好坏，需要使用放大镜对其进行放大观察。为了提高电路板上的光线强度，便于看清，可使用放大镜台灯
热熔胶枪		热熔胶枪是用来加热熔化热熔胶棒的专用工具。热熔胶枪内部采用居里点大于等于280℃的PTC陶瓷发热元件，并采用紧固导热结构，当热熔胶棒在加热腔中被迅速加热熔化为胶浆后，用手扣动扳机，胶浆从喷嘴中挤出，供黏固用。 热熔胶是一种黏附力强、绝缘度高、防水、抗震的黏固材料，使用时不会造成环境污染。实践证明，无论是采用热熔胶黏固机壳，还是将电路板黏固在机壳内部，或将电子元器件黏固在绝缘板上，热熔胶枪均显得灵活快捷，且装拆方便。但需注意它不适宜黏结发热元器件和强振动部件。 按使用场合的不同，热熔胶枪分为大、中、小3种规格，并且喷嘴有各种形状。电子制作时采用普通小号热熔胶枪即可满足各种黏固要求

名称	外形图	说　明
热缩套管		连接两根导线时，需要将连接裸露部分包裹绝缘，使用热缩套管不仅可以包裹连接裸露部分，还可以通过热吹风吹出热风使套管收缩，防止套管移位
热吹风		热吹风吹出的热风可使热缩套管收缩、加快酒精棉球擦拭电路板后残留酒精的挥发
直尺		直尺主要用来量取尺寸、测量元器件引脚间距、测量元器件引脚直径等，也可以作为画直线的导向工具。尺面上刻有尺寸刻线，最小刻度线为0.5 mm，其长度规格有150 mm、300 mm、500 mm、1000 mm等。建议购买150 mm或300 mm长度规格的。与普通塑料直尺相比，钢板尺是一种更好的选择，因为它不易损坏，且不怕被烙铁烫坏
游标卡尺		用直尺测量元器件引脚直径的误差较大，一般选用游标卡尺测量，卡尺长度一般选择150 mm。游标卡尺属于精密测量仪器，需要较好保护，不能摔损
无水工业酒精		无水工业酒精（纯酒精）必须保证不含水分，否则会由于水的导电性而引起电路短路。酒精易于挥发，所以保管时要注意密封。当然也可以将医用棉花放在密封瓶中，做成酒精棉球备用
酒精棉球		电子制作所用的酒精棉球不是医用的酒精棉球，必须将医用棉球放入无水工业酒精中制成酒精棉球，用于擦拭电路板上焊接元器件时留下的多余松香

续表二

名称	外形图	说　明
棉棒		与酒精棉球相比，使用棉棒沾酒精来清洗电路板上的松香不会将手弄脏，但清洗元件引脚时需注意用力的大小，防止损坏元件引脚
测电笔		测电笔是一种用来测试电线、用电器和电气装置是否带电的工具，常做成钢笔式或"一"字螺丝刀式。其内部由串联的高阻值电阻、专用小氖管、弹簧等构成，笔的前端是金属探头，后部设有小氖管发光窗口、笔夹或金属帽，使用时作为手触及的金属部分。普通低压试电笔的电压测量范围为(60～500) V
盒子		盒子可以是金属的，也可以是纸质的或塑料的，它主要用来盛放从机器上拆下的固定螺丝等。在同时检修几台机器时，应多准备几个盒子，从各机器上拆下的东西分别装在不同的盒子内，以免相互之间搞错

　　提示： 测电笔是一种具有安全检测功能的测试工具，每次使用前都应在已确认的带电体(比如电源插座)上测试一下，看到氖泡能正常发光后再使用，以防止因测电笔失灵而造成触电事故发生。

2.2　焊　接　练　习

　　要想将电路板焊接得既可靠又美观，必须经过大量的焊接练习，下面通过一款电路板的焊接过程来讲解电路板的焊接方法与步骤。

2.2.1　观察电路板

　　手工焊接电路板需要按照先焊接表贴式元件，再焊接引线式元件的顺序进行。对于表贴式元件需要先焊接引脚密度大的元件再焊接引脚密度小且引脚少的元件。对于引线式元件需要先焊接高度低的元件再焊接高度较高的元件。这就要求焊接人员先观察电路板，规划出焊接顺序再进行焊接。

　　图2-2-1所示为一待焊接电路板，电路板中既有表贴式元件，又有引线式元件，电路板中元件焊接顺序已在图中大致标出。

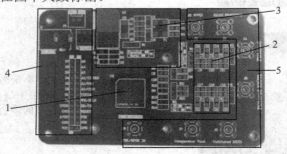

图2-2-1　待焊接电路板元件焊接先后顺序

提示：本文中的焊接是以读者能够熟练焊接各种电路元器件为前提，如果读者不能熟练焊接，则建议先进行焊接练习。练习由易到难，先练习焊接引线式元件，再练习焊接贴片阻容元件，最后练习焊接引脚密度大的元件。下面以练习焊接的顺序讲解焊接方法。

2.2.2 引线式元件焊接步骤

为了保证焊接的质量，掌握正确的操作步骤是很重要的。经常看到有些人采用这样一种操作方法，即先用烙铁头沾上一些焊锡，然后将烙铁放到焊点上停留，等待焊件加热后被焊锡润湿，但这是一种不正确的操作方法。它虽然可以将焊件连接，但却不能保证焊接质量。由焊接机理不难理解这一点，当焊锡在烙铁上熔化时，焊锡丝中的焊接剂附着在焊料的表面，由于烙铁头的温度为 $(250 \sim 350)$ ℃或390℃以上，当烙铁头放到焊点上之前，松香助焊剂在不断挥发，很可能会挥发大半或完全挥发，因此，润湿过程中会由于缺少助焊剂而造成润湿不良。而当烙铁头放到焊点上时，由于焊件还没有加热，结合层不容易形成，很容易产生虚焊。

为了便于初学者掌握焊接的详细过程，本文将引线式元件一只引脚的焊接过程详细分解为7步，如表2-2-1所示。

表2-2-1 引线式元件一只引脚的详细焊接步骤

步　骤	图　　示	说　　明
准备施焊		左手拿焊丝，右手握烙铁，随时处于焊接状态。要求烙铁头保持干净，表面镀有一层焊锡
加热焊件		应注意加热整个焊件，使焊件均匀受热。烙铁头放在两个焊件的连接处，时间为 $(1 \sim 2)$ s。对于在印制板上焊接元器件的情况，要注意使烙铁头同时接触焊盘和元器件的引线
送入焊丝		焊件加热到一定温度后，焊丝从烙铁对面接触焊件。注意不要把焊丝送到烙铁头上
移开焊丝		当焊丝熔化一定量后，立即将焊丝向左上45°方向移开

步骤	图 示	说 明
保存热量		移开焊锡丝后，烙铁再在元件上停留约半秒钟，这样可保证所有的焊锡达到焊接温度，同时也可保证用此热量使助焊剂失去活性。但烙铁停留时间不能太长，否则，它可能损坏元件或电路板，同时还可能导致助焊剂残渣被烧毁或烧焦。烧过的助焊剂必须清除
移开烙铁		焊锡浸润焊盘或焊件的施焊部位后，向右上45°方向移开烙铁，完成焊接
冷却焊点		让焊点自然冷却，不要吹它，焊点在冷却时一定不能移动

提示： 具体哪一只手拿烙铁，哪一只手拿焊锡丝，由读者自己决定，以个人习惯为主。

对于热容量小的焊件，如印制板与较细导线的连接，焊接步骤可简化为：准备施焊、加热与送丝和去丝移烙铁。烙铁头放在焊件上后即放入焊丝。焊锡在焊接面上扩散达到预期范围后，立即拿开焊丝并移开烙铁，注意去丝不得滞后于移开烙铁的时间。上述整个过程只有 $(2 \sim 4)$ s 的时间，各步时间的控制、时序的准确掌握、动作的熟练协调都要通过大量的训练和用心体会才能掌握。初学者如果无法掌握焊接时间，可用数数的方法控制时间，即烙铁接触焊点后数一、二（约 2 s），送入焊丝后数三、四即可移开烙铁。焊丝熔化量靠观察决定。但由于烙铁功率、焊点热容量的差别等因素，实际操作中掌握焊接火候绝无定章可循，必须根据具体条件具体对待。

以上焊接步骤需要反复练习，熟练掌握。练习熟练后，将以上步骤融入焊接元器件过程中(引线式元件焊接步骤)。引线式元件正确的焊接步骤如表2-2-2所示。

表2-2-2　引线式元件焊接步骤

步 骤	图 示	说 明
元件引脚成形		不同的元件成形样式不同，需要根据元件外形和电路板上元件封装设计的引脚位置，用平口镊子或尖嘴钳将元件引脚折成需要的样式

步骤	图　示	说　明
元件安装		将成形好的元器件插入电路板相应元件插孔中，并将电路板翻转，放置在桌面上，准备焊接
焊接一只引脚		按照上述引脚焊接的7个步骤焊接元件的一只引脚，如果元件为多引脚元件，建议焊接边角上的一只引脚
焊接另一只引脚		对于两引脚元件焊接另一只引脚，对于多引脚元件焊接对角的一只引脚，且需要注意将元件压平，因为元件放在电路板的另一面，翻转后元件可能未放平。用手触摸到元件后，将刚焊接的引脚重新熔化，用手压平，再移除烙铁，等待冷却，当多引脚元件对角的两引脚焊好后，元件就完全固定，不会再出现不平的现象。只能在焊接这两个引脚时调整元件的平整度，焊接引脚过多后就无法调整平整度了
焊接剩余引脚		对于多引脚元件，按照上述引脚焊接的7个步骤焊接其他剩余引脚，由于元件对角已焊好固定，这时焊接就无需考虑元件平整的问题

2.2.3　引线式元件引脚成形

为将元器件迅速而准确地插入电路板上相应的封装焊盘内，要根据焊点之间的距离，将引线做成需要的形状，基本要求如下：

（1）元件引线开始弯曲处，离元件端面的最小距离大于1.5 mm，该距离在设计电路板上的元件封装时就需要考虑到。

（2）弯曲半径大于等于引线直径的两倍，两根引线打弯后要相互平行。

（3）在焊接怕热的元件时，应将引线绕成环状或用卷发式成形方法将引线增长，提高散热能力，同时需注意焊接时间不可过长。

（4）元件标称值及文字标记应处于便于查看的位置，利于检查和维修。

（5）成形后的元件必须保证无机械损伤。

引线式元件成形的基本方法如图2-2-2所示。对于手工成形，需根据元件引脚的粗细，选择不同的成形工具，如果元件引脚较粗，需使用尖嘴钳；如果元件引脚较细，可使用平口镊子。在自动化生产中，在流水线上用专用工具和成形模具成形，如采用电动、气动等专用引线成形设备等。

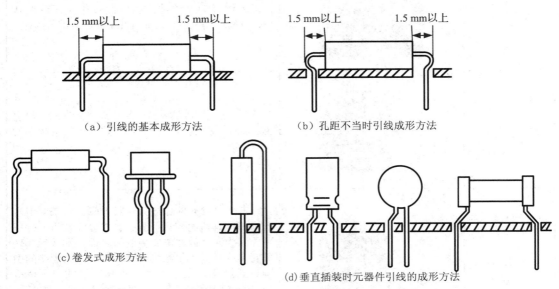

（a）引线的基本成形方法　　　（b）孔距不当时引线成形方法

(c)卷发式成形方法

(d)垂直插装时元器件引线的成形方法

图2-2-2　引线式元件成形的基本方法

2.2.4　元器件的安装

1. 元器件安装方式

元器件的安装需根据电路板的空间、元器件的形状、大小、是否需要散热等情况而定，常用元器件的安装方法如表2-2-3所示。

表2-2-3　常用元器件的安装方法

安装方式	图　　示	说　　明
贴板安装	常见贴板安装 绝缘衬垫　　印制导线或铜箔 加绝缘垫的贴板安装	元器件贴紧电路板表面，安装间隙小于1 mm，若元器件外壳是金属的，安装面又有与金属外壳不同电气特性的印制导线或铜箔时，应加绝缘衬垫或套绝缘套管。这种方法优点是：元器件稳定性好、受到振动时不易脱落

安装方式	图 示	说 明
悬空安装	元件两引脚悬空安装 引脚间间距较近,加装绝缘套管,防止碰撞后弯曲短路 晶体管悬空安装	元器件插装后距电路板表面3~8 mm高。这种方法有利于元器件散热,但稳定性不好。悬空较高的引脚有时需加装绝缘套管,增强其稳定性和防止元器件弯曲短路
立式安装		元器件垂直于电路板表面插装,这种方法有利于提高元器件的组装密度,拆卸方便,但不抗震。电容和三极管多数采用这种安装方法
卧式安装	黏合剂 使用黏合剂固定 扎线扣 使用扎线扣固定	将元器件垂直插入后,再朝水平方向弯曲。对大型元件要特殊处理,以保证有足够机械强度,经得起振动和冲击。 卧式安装的好处是可以降低电路板元器件安装后的高度,适用于对电子产品高度有特殊要求的场合
埋头安装(嵌入式安装)	黏合剂	将元器件的壳体埋于电路板的嵌入孔内,这种方法有利于元器件抗震,并降低了安装高度
支架固定安装	黏合剂 支架	用金属支架将元器件固定在电路板上,这种方法适用于重量较大的元器件,如小型继电器、变压器和扼流圈等

2. 元器件安装的技术要求

引线式元器件安装时的技术要求如下：

（1）元器件的标志方向按图纸要求，安装后应能看清元件上的标志。若装配图上没指明方向，则应按从左到右或从上到下的顺序读出标志的内容。

（2）有极性的元器件必须保证元件极性安装正确，安装好的元件必须保证能够清晰地看出元件的极性标识。

（3）对于类似于发光二极管类的元器件，需要保留较长引脚（便于在安装外壳时，使其与机壳等高，显示清晰），在元件引脚上需要加装绝缘套管，防止引脚弯曲短路。

（4）元件一般需紧贴电路板安装，不可留有较大空隙，否则元件稳定性较差，容易晃动，产生短路、断路现象。

（5）安装高度应符合规定要求。同一规格的元器件应尽量安装在同一高度。

（5）安装顺序一般为先低后高，先轻后重、先易后难、先一般元器件后特殊元器件。

（6）元器件在印制板上分布均匀、整齐。不允许斜排、立体交叉和重叠排列。元器件外壳与引线不得相碰，并保证 1 mm 左右间隙，必要时应套绝缘套管。

（7）一些特殊元器件应做特殊处理。如 MOS 集成电路应在等电位工作台上安装，以免静电损坏器件；发热元件（如 2 W 以上的电阻）要悬空安装或直接装在散热器上，并保证可靠接触，以利于散热；较大元器件（重量大于 30 g）应在印制板面上采取固定措施（使用弹性固定夹、螺钉螺母、支架等），以减振缓冲。

（8）元器件插好后，其引线外形一般需保证不弯曲，否则在拆卸时比较困难，且弯曲后的引脚用机器剪切多余引线部分也比较困难，故弯曲引脚焊接一般只在手工焊接中应用，且必须保证弯曲方向，因此不建议读者将引脚弯曲焊接。如果进行弯曲处理，需保证弯曲的方向为印制导线的方向或电路板无导线和覆铜的方向，不可将弯曲后的引脚放在与其不同电气特性的导线或覆铜上。引脚的弯曲方式及其方向如图2-2-3所示。

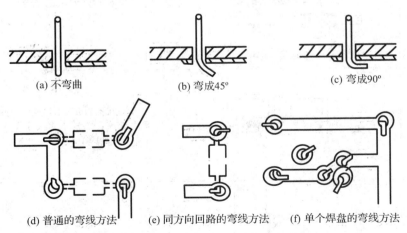

(a) 不弯曲　　　　(b) 弯成45°　　　　(c) 弯成90°

(d) 普通的弯线方法　　(e) 同方向回路的弯线方法　　(f) 单个焊盘的弯线方法

图2-2-3　引脚的弯曲方式及其方向

3. 元器件的固定

对于体积较大的元器件，除了需要将元器件焊接在电路板上外，还需要对其进行固定。而对于需要散热的功率器件，还需要对其加装散热器，并对散热器进行固定。常见的固定方式有贴面式粘贴固定、架高式粘贴固定、绑线固定、固定夹固定或螺钉固定，如图2-2-4所示。加装和固定散热元件的散热器的方式如图2-2-5所示。

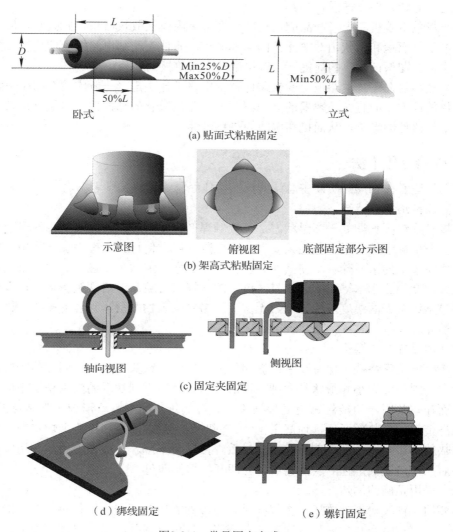

图2-2-4 常见固定方式

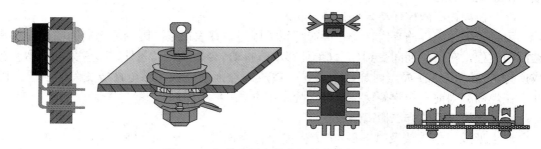

图2-2-5 加装和固定散热元件的散热器

安装散热器时的要求如下：

（1）元器件与散热器之间的接触面要平整，以增大接触面，减小散热热阻。元器件与散热器之间的紧固件要拧紧。

（2）彩色电视机等电子产品的大功率管多数采用板状散热器(称散热板)。散热板的结构较简单，其面积和形状由散热元件的功率大小、元件在印制电路板中的位置及周围空间的大小决定。在保证散热的前提下，应尽量减小散热板的面积。

（3）散热器在印制电路板上的安装位置由电路设计决定，一般应放在印制电路板的边沿易散热的地方，而且在散热器的周围不要布置对热敏感的元器件，尽量减小散热器的热量对周围元器件的影响，从而提高电路的热稳定性。

2.2.5　焊接操作手法

下面为笔者在长期的实践中总结的焊接操作经验，可供初学者参考。

（1）保持烙铁头清洁。

焊接时烙铁头长期处于高温状态，又接触焊剂、焊料等，因此烙铁头的表面很容易氧化并粘上一层黑色的杂质，这些杂质容易形成隔热层，使烙铁头失去加热作用。因此，要随时将烙铁头上的杂质除去，使其随时保持洁净状态。清洁时，最好使用含水的木棉布擦拭烙铁头，必须注意木棉布的含水量，过干的木棉布会被高温烙铁头烫坏，过湿的木棉布会使高温烙铁头表面温度快速降低，无法清除烙铁头杂物残留，且容易氧化烙铁头，导致烙铁头损坏。

（2）加热要靠焊锡桥。

焊锡桥就是靠烙铁上保持少量的焊锡作为加热时烙铁头与焊件之间传热的桥梁。在手工焊接中，焊件的大小和形状是多种多样的，需要使用不同功率的电烙铁及不同形状的烙铁头。而在焊接时不可能经常更换烙铁头，为增加传热面积需要形成热量传递的焊锡桥，因为液态金属的导热率要远远地高于空气。同时需注意，不是烙铁头上焊锡越多越好，长时间加热的焊锡，内部助焊剂挥发，会导致焊接质量下降。一般在使用前，用木棉布清洁烙铁头后，在烙铁头上挂一层薄锡后，立即开始焊接即可。

（3）采用正确的加热方法。

不要用烙铁头对焊件施压。在焊接时，对焊件施压并不能加快传热，有可能会使烙铁头弯曲，更严重时会导致元器件引脚弯曲变形，损坏元器件，即使引脚不变形，也可能造成不易察觉的隐患。

（4）在焊锡凝固前保持焊件为静止状态。

用镊子夹住元件施焊时，一定要等焊锡凝固后再移去镊子。因为焊锡凝固的过程就是结晶的过程，在结晶期间受到外力(焊件移动或抖动)会改变结晶条件，形成大粒结晶，造成所谓的"冷焊"，使焊点内部结构疏松，造成焊点强度降低、导电性能变差的后果。因此，在焊锡凝固前，一定要保持焊件为静止状态。

（5）采用正确的方法撤离烙铁。

焊点形成后烙铁要及时向后45°方向撤离。烙铁撤离时轻轻旋转一下，可使焊点保持适当的焊料，这是实际操作中总结出的经验。图2-2-6所示为不同撤离方向对焊料的影响。

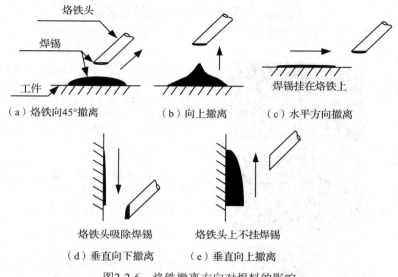

（a）烙铁向45°撤离　　　（b）向上撤离　　　（c）水平方向撤离

烙铁头吸除焊锡　　　　　烙铁头上不挂焊锡

（d）垂直向下撤离　　　（e）垂直向上撤离

图2-2-6　烙铁撤离方向对焊料的影响

（6）焊锡量要合适。

过量的焊锡不但造成了浪费，而且增加了焊接时间，减慢了工作速度，还容易在高密度的印制板线路中造成不易察觉的短路。

焊锡过少不能使焊点牢固地结合，降低了焊点的强度。特别是在印制板上焊导线时，焊锡不足容易造成导线脱落的后果。

（7）不要使用过量的助焊剂。

适量的助焊剂会提高焊点的质量。但过量使用松香助焊剂后，当加热时间不足时，容易形成"夹渣"的缺陷。焊接开关、接插件时，过量的助焊剂容易流到触点处，会造成接触不良。适量的助焊剂，应该是仅能浸润将要形成的焊点，不会透过印制板流到元件面或插孔里。对使用松香芯焊丝的焊接来说，正常焊接时基本上不需要再使用助焊剂，而且印制板在出厂前大多都进行过松香浸润处理。

（8）不要使用烙铁头作为运载焊料的工具。

有人习惯用烙铁头沾上焊锡去焊接，这样容易造成焊料氧化、助焊剂挥发的后果。因为烙铁头温度一般在300℃左右，焊锡丝中的焊剂在高温下很容易分解失效。在调试、维修工作中，不得已用烙铁沾锡焊接时，动作要迅速敏捷，以防止氧化造成劣质焊点。

2.2.6　表贴式两引脚元件焊接步骤

表贴式元件焊接步骤与引线式元件相比，少了元件引脚成形的过程，但由于表贴式元件体积过小，无法用手直接拿着焊接，需借助尖头镊子拿取，且元件放置在电路板表面（未固定）焊接时如不固定会产生移动，而引线式元件插入电路板中（已固定），不存在移动问题。这样，焊接表贴式阻容元件，就需要一手拿镊子固定元器件，一手拿焊锡丝，一手拿烙铁焊接，显然无法实现，故表贴式元件焊接步骤与引线式不同。其焊接步骤如表2-2-4所示。

表 2-2-4　表贴式阻容元件焊接步骤

步　骤	图　示	说　明
放置焊锡于一个焊盘上		由于手工焊接时手不够用，只能先将焊锡熔焊在一个焊盘上。这时右手拿电烙铁，左手拿焊锡丝，将烙铁头和焊锡放在焊盘上，熔化焊锡，当焊盘上焊锡饱和后，移开焊锡丝和烙铁头。需要注意的是不能将焊锡同时熔焊在一个元件的两个焊盘上
镊取元件		左手将焊锡丝放开，换拿尖头镊子镊取元器件，并将其放置在需要焊接的元件焊盘上，这时一个焊盘因为有焊锡无法放平
固定元件一个引脚		用电烙铁将刚才放置焊锡的焊盘上的焊锡重新熔化，这时镊子可将元器件放平，元器件的相应引脚焊接成功，移开烙铁头，等焊锡冷却后，再移开镊子
固定元件另一个引脚		左手将镊子放开，重新拿焊锡丝，将烙铁头放在另一只引脚上加热，送入焊锡丝，达到饱和后，移开焊锡丝，移开烙铁头

提示：具体使用哪只手拿烙铁、焊锡、镊子，可根据个人习惯而定。

2.2.7　表贴式多引脚元件焊接步骤

多引脚式表贴元件的引脚之间间距非常近，引脚与焊盘之间必须准确对齐（表贴式阻容元件对齐时偏差可较大），且因引脚很细，不能受力，否则会变形。它的焊接方法又与表贴式阻容元件焊接方法不同，其焊接步骤如表 2-2-5 所示。同时，无论引脚多细，笔者建议都使用平头烙铁，不可使用尖头烙铁。因为尖头烙铁在贴着元器件引脚表面移动时，烙铁尖头连续焊接多个引脚时很容易损坏元器件引脚，且笔者一直使用平头烙铁焊接所有元件，未出现损坏引脚情况，效果较好，笔者将该方法教给学生，学生使用效果亦很好。

表 2-2-5　表贴式多引脚元件焊接步骤

步　骤	图　示	说　明
放置元件		用手将元器件放置在电路板相应元件焊盘上，由于引脚密度大，引脚多，有些元件四边都有引脚，故必须准确对齐。记住，只要有一点不齐，就不可进行下一步

步 骤	图 示	说 明
固定一角		用左手除大拇指和食指外的三个手指压住元器件不放，再次观察引脚与焊盘是否对齐。右手拿焊锡丝放在左手的大拇指和食指中，调节焊锡丝长度，使其接近需焊接的位置，右手拿电烙铁，将烙铁头和焊锡丝放在需要焊接的元件引脚上焊接引脚。需注意的是，这时通常会同时焊接多只引脚，且连焊在一起，切记不可用烙铁头分离它，无需管它，固定住即可
固定对角		按住元器件的手指不可放开，更不能移动，活动拿焊锡丝的两个指头，将焊锡丝移动到对角引脚上，将烙铁头也移动到对角引脚上，按上述方法固定对角的多个引脚
固定其它边引脚		放开按住元器件的手，这时元器件已经固定，右手拿电烙铁，左手拿焊锡丝，焊接其他边的引脚，这时可以用烙铁同时焊几只引脚。因为是平头烙铁，且引脚间距很小，不可能一个一个引脚焊接，只可能同时焊几只引脚。需根据经验使用一定的焊锡量，该焊锡量最好掌握在刚好焊接完所有引脚且不多余的量上
焊接一边引脚		在元件的一边上焊接焊锡的地方熔化一定的松香，将松香焊锡同时熔化，并贴着元器件引脚表面移动烙铁头，将多余焊锡移动到未焊接的引脚上，直至一边上所有的引脚全部焊接，刚才所说的焊锡量刚好，指的就是焊锡刚好将一边上所有的引脚全部焊接完，且没有剩余。 剩余焊锡主要体现在所有的引脚都通过烙铁头熔化焊锡移动过一遍，但总有几只引脚有焊锡，且无法分开
清除多余焊锡		清除多余焊锡的方法有两种，一种是用吸锡带，将吸锡带放在多余焊锡的地方，用烙铁头加热吸锡带，熔化多余焊锡，使多余焊锡熔入吸锡带中，移去吸锡带即可。 另一种方法是，将电路板竖起，将需要移除多余焊锡的边放置在下方，使电路板悬空，与桌面有一个20 mm左右的距离，用烙铁头熔化多余焊锡，移开烙铁头，并快速地将电路板撞击桌面，这时焊锡尚未凝固，多余的焊锡会随着撞击而脱落
焊接其它边引脚		使用相同的方法焊接元件其他边的引脚，并将多余焊锡清除
清洁助焊剂		焊接完成后，在焊接过程中使用的松香会影响电路板的美观，这时可以使用无水工业酒精清洗。清洗的方法是将棉球用酒精沾湿，在元器件上有松香的地方轻轻擦拭，使松香溶解入酒精之中，并被棉球吸收。当酒精棉球被松香酒精浸入后，可更换新的酒精棉球擦拭，直至无松香残留为止

提示： 使用吸锡带时不可过度吸锡，否则会引起元件引脚欠焊锡。欠焊锡现象即使用吸锡带吸未连焊的引脚时，将引脚上原本饱满的焊锡吸去，使引脚上出现焊锡不足的现象。

使用敲击电路板的方法去除多余焊锡时，需将动作配合好，即撤离烙铁头的同时，将电路板轻击桌面，将熔化的多余焊锡去除。撤离的时机掌握不好会损坏元器件的引脚或无法使多余焊锡脱离引脚。

2.2.8 焊接温度与加热时间

适当的温度对形成良好的焊点是必不可少的。这个温度究竟如何掌握，我们可以借鉴元器件生产厂商推荐的回流焊时元件温度分布图2-2-7，模拟出焊接温度曲线图2-2-8，只要手工焊接温度分布接近于回流焊时的温度分布，则焊接温度和时间肯定正确。

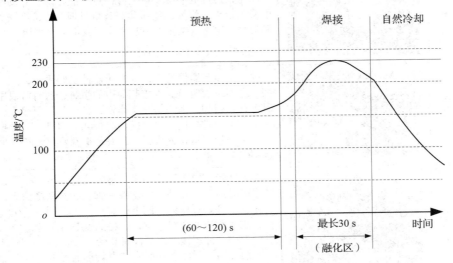

图2-2-7 常见元器件厂商推荐的回流焊时的温度分布

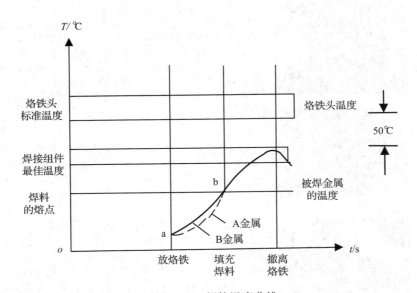

图2-2-8 焊接温度曲线

1）关于焊接的3个重要温度

图2-2-8中两条水平阴影区及一条水平线代表焊接的3个重要温度，由上而下第一条水平阴影区代表烙铁头的标准温度；第二条水平阴影区表示为了使焊料充分浸润生成合金，焊件应达到的最佳焊接温度；第三条水平线是焊丝熔化温度，也就是焊件达到此温度时应送入焊丝。

两条曲线分别代表烙铁头和焊件温度变化过程，金属A和B表示焊件两个部分（如铜箔与导线、引脚与焊盘等）。3条竖线表示的是放烙铁、放焊锡、撤离焊锡和烙铁的时序关系。准确、熟练地将以上几条曲线关系应用到实际中，是掌握焊接技术的关键。

2）焊接温度与加热时间

由焊接温度曲线可看出，烙铁头在焊件上的停留时间与焊件温度的升高高度成正比，即曲线ab段反映焊接温度与加热时间的关系。同样的烙铁，加热不同热容量的焊件时，要想达到同样的焊接温度，显然可以通过控制加热时间来实现。同理可推断其他因素的变化。但在实际工作中，因为存在烙铁供热容量不同和焊件、烙铁在空气中散热等问题，所以不能仅仅依此关系决定加热时间。例如，用一个小功率烙铁加热较大焊件时，无论停留多长时间，焊件温度也上不去。此外，有些元器件也不允许长期加热。因此，需根据实际焊接的焊件来选择电烙铁的功率。

3）加热时间对焊件和焊点的影响

加热时间对焊锡、焊件的浸润性和结合层的影响，我们已有所了解，现在进一步了解加热时间对整个焊接过程的影响及其外部特征。

加热时间不足，造成焊料不能充分浸润焊件，会形成夹渣（松香）、虚焊等情况。而长时间加热则有如下危害：

（1）焊点外观变差。如果焊锡已浸润焊件后还继续加热，造成熔态焊锡过热，烙铁撤离时容易造成拉尖，同时焊点表面出现粗糙颗粒，并且失去光泽，焊点发白。

（2）助焊剂失效。焊接时所加松香焊剂在温度较高时容易分解碳化（一般松香在210℃左右开始分解），失去助焊剂作用，而且夹到焊点中容易造成焊接缺陷。如果发现松香变黑，那是因为长时间或反复加热所致。

提示：质量好的松香加热熔化后应透亮微黄，长时间加热才会变黑。部分松香刚加热时就发黑，说明该松香质量较差，不可使用。

（3）电路板上的铜箔剥落。铜箔是采用黏合剂固定在绝缘基板上的，长时间的受热会破坏黏合层，导致电路板上的铜箔剥落。因此，准确掌握焊接时间是优质焊接的关键。

（4）元器件损坏。长时间加热会导致部分敏感元器件（如光敏电阻、磁敏元件、光电收发元件等）或塑料基座元器件（如变压器、继电器、接插件等）损坏。

2.2.9 合格焊点及质量检查

焊点的质量直接关系着产品的稳定性与可靠性等电气性能。一台电子产品，其焊点数量可能大大超过元器件本身数量，如果个别焊点有问题，检查起来十分困难。所以必须明确对合格焊点的要求，认真分析影响焊点质量的各种因素，以减少出现不合格焊点的概率，尽可能在焊接过程中提高每个焊点的质量。

1. 对焊点的要求

（1）可靠的电气连接。

电子产品工作的可靠性与电子元器件的焊接紧密相关。一个焊点要能稳定、可靠地通过一定的电流，没有足够的连接面积是不行的。如果焊锡仅仅是将焊料堆在焊件的表面或只有少部分形成合金层，那么即使在最初的测试和工作中没有发现焊点问题，但随着时间的推移和条件的改变，接触层被氧化，就会出现脱焊现象，电路时通时断或者干脆不工作。而这时观察焊点的外表，依然连接如初，这是电子仪器检修中最头痛的现象，也是产品制造中要十分注意的问题。

（2）足够的机械强度。

焊接不仅起电气连接的作用，同时也是固定元器件和保证机械连接的手段，因而就有机械强度的问题。作为铅锡焊料的铅锡合金本身，强度是比较低的。常用的铅锡焊料抗拉强度只有普通钢材的1/10，要想增加强度，就要有足够的连接面积。如果是虚焊点，焊料仅仅堆在焊盘上，自然就谈不上强度了。另外，焊接时焊锡未流满焊盘，或焊锡量过少，都会降低焊点的强度。还有，焊接时焊料尚未凝固就使焊件震动、抖动而引起焊点结晶粗大，或有裂纹，都会影响焊点的机械强度。

（3）光洁整齐的外观。

良好的焊点要求焊料用量恰到好处，外表有金属光泽，没有桥接、拉尖等现象，导线焊接时不伤及绝缘皮。良好的外表是焊接高质量的反映。表面有金属光泽，是焊接温度合适并生成合金层的标志，而不仅仅是外表美观的体现。

2. 典型焊点的外观特征

图2-2-9所示为两种典型焊点的外观，其共同要求是：

（1）引线式元件焊点形状为近似圆锥而表面微凹呈慢坡状，虚焊点表面往往成凸形，可以鉴别出来。表贴式元件焊点形状为近似三角而表面微凹呈慢坡状。

（2）焊料的连接面呈半弓形凹面，焊料与焊件交界处平滑，接触角尽可能小。

（3）焊点表面光滑且有光泽。

（4）无裂纹、针孔、夹渣现象。

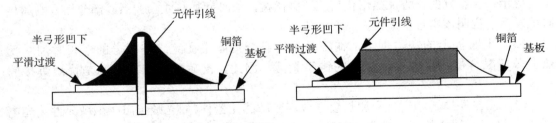

图2-2-9　两种典型焊点的外观特征

3. 焊点的质量检查

在焊接结束后，为保证产品质量，要对焊点进行检查。由于焊接检查与其他生产工序不同，没有一种机械化、自动化的检查测量方法，因此主要通过目视检查、触摸检查和通电检查来发现问题。

（1）目视检查是从外观上检查焊接质量是否合格，也就是从外观上检查焊点有什么缺陷。

（2）触摸检查主要是指用手触摸、摇动元器件时，焊点有无松动、不牢或脱落的现象，或用镊子夹住元器件引线轻轻拉动时，有无松动现象。

（3）通电检查必须是在外观及连线检查无误后才可进行的工作，也是检验电路性能的关键步骤。通电检查可以发现许多微小的缺陷，如用目测观察不到的电路桥接、虚焊等问题。表2-2-6所示为通电检查时可能出现的故障与焊接缺陷的关系。

表2-2-6 通电检查结果及原因分析

通电检查结果		原 因 分 析
元器件损坏	失效	过热损坏、烙铁漏电
	性能降低	烙铁漏电
导通不良	短路	桥接、焊料飞溅
	断路	焊锡开裂、松香夹渣、虚焊、插座接触不良
	时通时断	导线断丝、焊盘剥落等

4. 常见焊点的缺陷与分析

造成焊接缺陷的原因有很多，在材料与工具一定的情况下，采用什么方式及操作者是否有责任心，就是决定性的因素了。元器件的常见焊点缺陷如表2-2-7所示。

表2-2-7 常见焊点缺陷与分析

焊点缺陷	外观特征	危害	原因分析
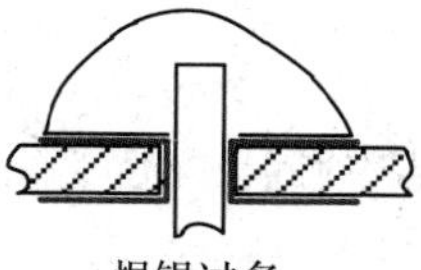 焊锡过多	焊料面呈凸形	浪费焊料，且可能包藏缺陷	焊丝撤离过迟
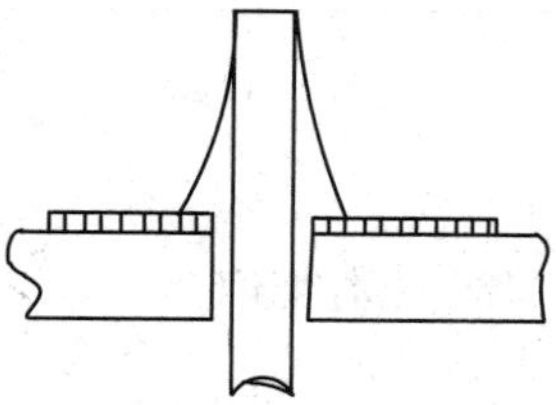 焊料过少	焊料未形成平滑面	机械强度不足	焊丝撤离过早或焊料流动性差而焊接时间过短
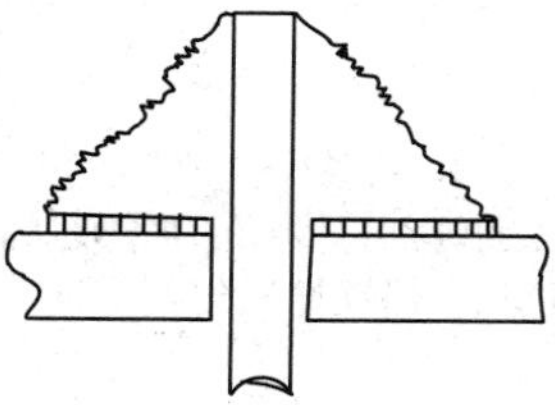 过热	焊点发白，无金属光泽，表面粗糙	焊盘容易剥落，强度降低	烙铁功率过大，加热时间过长

焊点缺陷	外观特征	危害	原因分析
冷焊	表面呈豆腐渣状颗粒，有时可能有裂纹	强度低，导电性不好	焊料未凝固前焊件抖动或烙铁功率不够
浸润不良	焊料与焊件交界面接触角过大，不平滑	强度低，电路不通或时通时断	焊件清理不干净，助焊剂不足或质量差，焊件未充分加热
虚焊	焊件与元器件引线或与铜箔之间有明显黑色界限，焊锡向界限凹陷	电气连接不可靠	元器件引线未清洁好，有氧化层或油污、灰尘；印制板未清洁好，喷涂的助焊剂质量不好
铜箔剥离	铜箔从印制板上剥离	印制板被损坏	焊接时间长，温度高
不对称	焊锡未流满焊盘	强度不足	焊料流动性不好
拉尖	出现尖端	外观不佳，容易造成桥接现象	助焊剂过少，而加热时间过长，烙铁撤离角度不当

续表二

焊点缺陷	外观特征	危害	原因分析
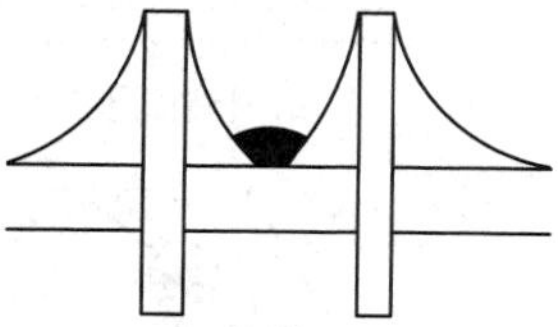 桥接	相邻导线连接	电气短路	焊锡过多，烙铁撤离方向不当
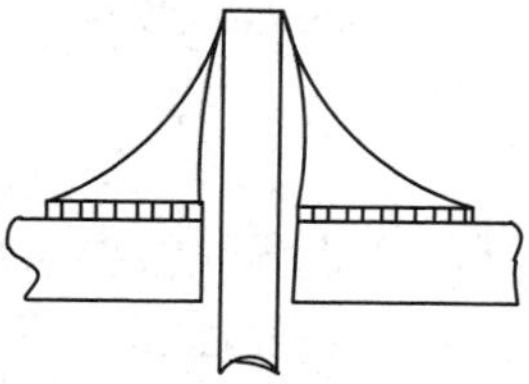 松动	导线或元器件引线可移动	导通不良或不导通	焊锡未凝固前引线移动造成空隙，引线未处理好（浸润差或不浸润）
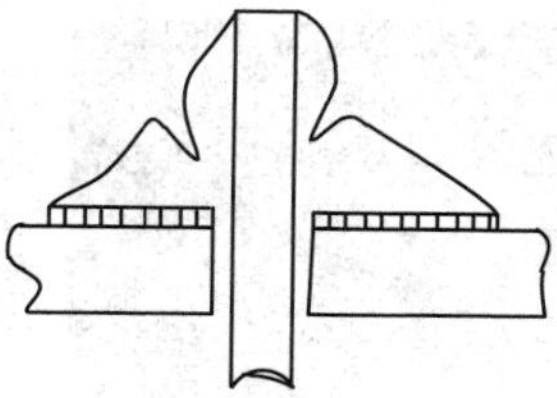 针孔	目测或低倍放大镜可见有孔	强度不足，焊点容易腐蚀	焊盘孔与引线间隙太大
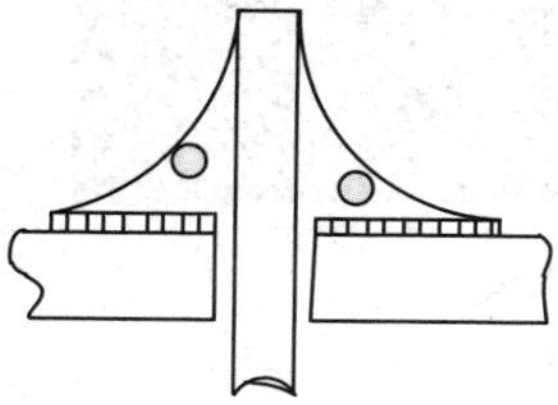 气泡	引线根部有喷火式焊料隆起，内部藏有空洞	暂时导通，但长时间容易引起导通不良	引线与焊盘孔间隙过大或引线浸润性不良
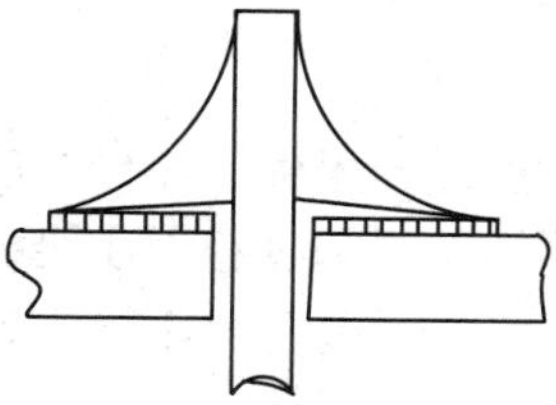 剥离	焊点剥落（不是铜箔剥落）	断路	焊盘上金属镀层不良

初学者练习焊接时，除了需要焊接元器件外，一般还需要焊接导线，用导线将元器件有电气特性的引脚相连，对于导线的焊接，焊接步骤与引脚的焊接步骤相同，只是在焊接前需将导线中的多股芯丝拧到一起当作一只引脚处理。常见的导线焊接缺陷如图2-2-10所示。

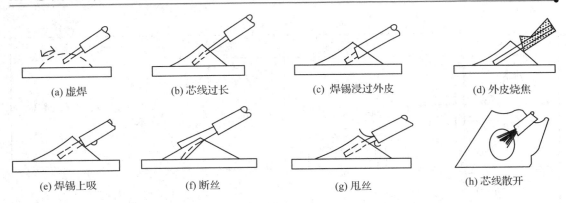

(a) 虚焊　　　(b) 芯线过长　　　(c) 焊锡浸过外皮　　　(d) 外皮烧焦

(e) 焊锡上吸　　　(f) 断丝　　　(g) 甩丝　　　(h) 芯线散开

图2-2-10　导线焊接的缺陷

　　手工焊接实验板时，一般采用导线连接元器件之间的引脚，需要注意将导线按要求焊接好。而在实际的电子设计中，电路板上焊接的导线，无论该连接器是否需要插拔，都需使用连接器压接后焊接，常见插拔连接器和固定式连接器如图2-2-11所示。

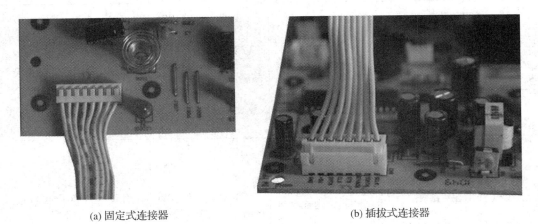

(a) 固定式连接器　　　　　　　　　　(b) 插拔式连接器

图2-2-11　常用的连接器

2.3　拆卸练习

　　在调试和维修过程中常需要更换一些元器件，在实际操作中，拆卸元器件比焊接难度高，特别是引线式多引脚元器件，目前还没有非常完美的拆卸方法。在拆卸过程中如果拆卸不当，就会损坏元器件和电路板。所以拆卸元器件也是焊接过程中一个重要的环节。

　　拆卸前一定要弄清楚原焊接点的特点，不要轻易动手，其基本原则如下：

　　（1）不损坏待拆除的元器件、导线及周围的元器件。

　　（2）拆卸时不可损坏印制板上的焊盘与印制导线。

　　（3）对已判定为损坏的元器件，可先将其引线剪断再拆除，这样可以减少其他损伤。

　　（4）在拆卸过程中，应尽量避免拆动其他元器件或变动其他元器件的位置，如确实需要应做好复原工作。

2.3.1 元件拆卸常用方法

拆卸元器件的方法有多种，需根据实际元器件和电路板的情况选择合适的方法。

1. 分点拆焊法

对卧式安装的阻容元器件，两个焊接点距离较远，可采用电烙铁分点加热，逐点拔出。如果引线是弯折的，用烙铁头撬直后再进行拆除。

拆焊时，将印制板竖起，一边用烙铁加热待拆元件的焊点，一边用镊子或尖嘴钳夹住元器件引线轻轻拉出。

2. 集中拆焊法

晶体管及立式安装的阻容元器件之间焊接点距离较近，可用烙铁头同时快速交替加热几个焊接点，待焊锡熔化后一次拔出。对多接点的元器件，如开关、插头座或集成电路等，可用专用烙铁头同时对准各个焊接点，一次加热取下。

当元器件引脚较多时，交替加热已无法同时将多个引脚上的焊锡熔化，这时就需要使用捅孔将元件上各个引脚与焊盘之间的焊锡通开，再取下元器件。

3. 保留拆焊法

对需要保留元器件引线和导线端头的拆焊，要求比较严格，也比较麻烦。可用吸锡器先吸去被拆焊接点外面的焊锡。一般情况下，用吸锡器吸去焊锡后能够拆下元器件。

如果遇到多引脚插焊件，虽然用吸锡器清除过焊料，但仍不能顺利拆除，这时候细心观察一下，其中哪些脚没有脱焊。找到后，用清洁且未带焊料的烙铁对引线脚进行熔焊，并对引线脚轻轻施力，向没有焊锡的方向推开，使引线脚与焊盘分离，多引脚插焊件即可取下。

如果是搭焊的元器件或引线，只要在焊点上沾上助焊剂，用烙铁熔开焊点，元器件的引线或导线即可拆下。如遇到元器件的引线或导线的接头处有绝缘套管，要先褪出套管，再进行熔焊。

如果是钩焊的元器件或导线，拆焊时先用烙铁清除焊点的焊锡，再用烙铁加热将钩下的残余焊锡熔开，同时须在钩线方向用铲刀撬起引线，移开烙铁并用平口镊子或钳子矫正。再一次熔焊取下所拆焊件。注意：撬线时不可用力过猛，要注意安全，防止将已熔化的焊锡弹入眼内或皮肤上。

如果是绕焊的元器件或引线，则用烙铁熔化焊点，清除焊锡，弄清楚原来的绕向，在烙铁头的加热下，用镊子夹住线头逆绕退出，再调直待用。

4. 剪断拆焊法

被拆焊点上的元器件引线及导线如留有余量，或确定元器件已损坏，可先将元器件或导线剪下，再将焊盘上的线头拆下。拆下元器件的引脚剪断后，如果电路板上的焊盘孔被焊锡堵满，这时就需要使用捅针将焊盘孔捅开。

2.3.2 引线式两引脚元件拆卸

在拆焊之前需要准备一些拆焊时需要使用的工具，如2.1节所讲的吸锡式电烙铁、电烙铁、吸锡器、捅针、捅孔、镊子、吸锡带等。引线式两引脚元器件拆焊的基本步骤如表2-3-1所示。

表2-3-1　引线式两引脚元器件拆焊

步骤	图 示	说 明
撬直元件引脚		在焊接电路板时，有时为了固定需要，会将元器件插入电路板后再将引脚折弯焊接，这样即使元器件引脚上焊锡熔化也无法自动脱落。在拆焊该种元器件引脚时，需要左手拿平头镊子，右手拿电烙铁，将烙铁头放在元器件焊盘上熔化焊盘上的焊锡，不移开烙铁头，同时用平头镊子将弯曲的引脚撬直
拆卸一只引脚		撬直引脚后，将平头镊子移动到电路板的元器件一面，用镊子镊住需要拆除元器件的待拆引脚一端，将烙铁头放在元器件待拆的引脚上熔化焊锡，用镊子向外使力，拔出元器件的引脚
拆卸另一只引脚		使用同样的方法拆下另一只引脚。这时元器件已完全拆下，如果镊子没有镊好元器件导致元器件掉落，由于元器件引脚刚加热脱落，温度比较高，需注意不要被烫伤
捅开电路板上的焊盘孔		右手拿电烙铁，左手拿捅针（需根据电路板上焊盘孔的大小选择捅针直径），将烙铁头放在焊盘孔上熔化焊盘孔中的焊锡，移开烙铁头，同时快速将捅针插入焊盘孔中，这时由于焊锡处于熔化状态，会被捅针带走并冷却，由于捅针为不锈钢材料，不会与焊锡粘连，可拔出捅针，再取下冷却的焊锡

　　提示： （1）拆卸元器件时所使用的镊子必须为平头镊子，不可使用尖头镊子，否则会损坏尖头镊子。

　　（2）因为拆焊的加热时间较长，所以要严格控制温度和加热时间，以免将元器件烫坏或使焊盘翘起或断裂。宜采用间隔加热法来进行拆焊。同时，在高温状态下，元器件封装的强度会下降，尤其是塑封器件，过力的拉、摇、扭都会损坏元器件和焊盘。

　　技巧： 当元器件一端无法完全拔出时，可停止拔该端引脚，换另一端拔出，当另一端拔出后，再拔取上次无法拔出的引脚。

　　注意： 在使用捅针捅开单面板焊盘时，不能用捅针从印制板元件面（顶层）向走线面（底层）捅孔，这样很容易使焊盘铜箔与基板分离，甚至使铜箔断裂，必须从走线面向元件面捅孔。

拆焊后一般都要重新焊上元器件或导线，操作时应注意以下几个问题：

（1）重新焊接的元器件引线和导线的剪截长度、离底板或印制板的高度、弯折形状和方向，都应尽量保持与原来的一致，使电路的分布参数不发生大的变化，以免使电路的性能受到影响，特别是对于高频电子产品更要重视这一点。

（2）拆焊点重新焊好元器件或导线后，应将因拆焊需要而弯折、移动过的元器件恢复原状。一个熟练的维修人员拆焊过的维修点一般是不容易看出来的。

2.3.3 引线式多引脚元件拆卸

引线式多引脚元器件因其引脚多，同时使其所有引脚上的焊锡熔化的难度很大，故需要借助一些特殊的工具，引线式多引脚元器件的拆卸步骤如表2-3-2所示。

表2-3-2 引线式多引脚元器件的拆卸步骤

步 骤	图 示	说 明
吸取元器件引脚上的焊锡		将烙铁头放在需要拆卸的引脚上，加热引脚上的焊锡使其熔化，将吸锡器吸嘴对准熔化的焊锡，快速移开烙铁头并按下吸锡控制按钮，使吸锡器工作，吸取熔化的焊锡
捅开引脚上粘连的焊锡		将烙铁头放在已吸取大部分焊锡但有少量焊锡残留的引脚上，熔化引脚上的焊锡，将捅孔插入引脚与焊盘之间，使引脚与焊盘分离，移开烙铁头，抽出捅孔
分离其他引脚		按照上述两个步骤分离元器件上其他引脚，保证所有引脚与焊盘孔分离
拔出元器件		将元件从电路板上拔出，在拔出时，可能还有少许引脚与焊盘有一点粘连，这时可左右晃动元器件，使元件上的引脚与焊盘彻底分开后，再拔出
修补电路板上元器件焊盘		拔出元器件后，需观察元件焊盘，看其是否损坏。如焊盘孔芯脱落，需在重新焊上原件后，将该焊盘顶层和底层都焊上焊锡，使其信号导通。如焊盘整体脱落，需在重新焊上原件后，将原信号线用导线连接到该引脚上

在拆卸多引脚元器件时，一些方法和技巧可以更好地帮助我们实现快速、完美地拆卸元器件，常见的技巧如下：

（1）吸锡器要与电烙铁配合使用吸取引脚上的焊锡，当烙铁头完全熔化焊锡时，需快速撤离烙铁头并迅速将吸锡器的吸嘴完全覆盖引脚，保证吸嘴与电路板没有空隙，使吸锡器取得最大吸力。

（2）吸锡式电烙铁将吸锡器和电烙铁两种功能一体化，可以腾出一只手用于拿其他工具或电路板，这就可以更加方便、准确、快速的拆卸元器件。

（3）用捅孔捅开引脚上粘连的焊锡难度较大，需选择孔径大于引脚直径且小于焊盘过孔孔径的捅孔。使用捅孔加热捅开粘连的焊锡时，不可反复加热，防止损坏焊盘和过孔，该点难度较大，需反复练习，认真仔细，从而降低损坏率。

（4）拆焊前，用吸锡工具吸去焊料，有时可以直接将元器件拔下，即使还有少量焊锡连接，也可以减少拆焊的时间，降低元器件和印制板损坏的可能性。在没有吸锡工具的情况下，则可以将印制电路板或能移动的部件倒过来，用电烙铁加热拆焊点，利用重力原理，让焊锡自动流向电烙铁，也能达到部分去锡的目的。

（5）有时一些自制小工具能解决很多较难的拆卸问题，图2-3-1所示为笔者自制的一款专用于拆卸DIP封装元器件的改装烙铁头，可同时用于加热烙铁头覆盖区域内的所有引脚。

（6）用热风枪加热需拆卸元器件区域内的电路板，使需拆卸元器件的所有引脚熔化，再用镊子拔取出元器件。这种方法存在一个缺点，就是需加热电路板的一个区域，容易使电路板变形，并使导线脱落。

图2-3-1　笔者自制的一款专用于拆卸DIP封装元器件的改装烙铁头

2.3.4　表贴式两引脚元件拆卸

表贴式两引脚元器件引脚之间的距离较近，拆卸相对比较简单，只需来回加热或同时加热元器件的两个引脚，使两个引脚上的焊锡同时熔化，用镊子取走元器件即可，其拆卸步骤如表2-3-3所示。

表2-3-3　表贴式两引脚元件拆卸步骤

步　骤	图　示	说　明
加热元器件两只引脚		左手拿尖头镊子镊住表贴式元器件，右手拿电烙铁，将烙铁头来回同时加热元器件的两个引脚
取走元器件		当两引脚上焊锡同时熔化，用镊子取走元器件，撤离烙铁头

步　骤	图　示	说　明
吸走焊盘上多余焊锡		使用吸锡带吸走焊盘上的多余焊锡，一般只需吸取一个焊盘上的焊锡即可，另一只焊盘上的焊锡留下用于重新焊接元器件

注意：表贴式两引脚元器件拆卸比较简单，需注意在拆卸后不可使两焊盘之间有任何焊锡粘连。

在使用吸锡带吸除焊盘上的焊锡时，其操作步骤如下：

（1）选择与拆焊点宽度相宜的吸锡带，将吸锡带中吸收焊锡饱和的部分剪掉。

（2）将干净的吸锡带一端置于需清除的焊点上，并使之与焊锡接触良好。

（3）将烙铁头置于吸锡带上，通过吸锡带加热焊点。用力不要过大，否则会损坏工件。可通过在吸锡带上加几滴液态助焊剂或在烙铁头与焊点接触处加少量焊锡形成热桥的方式来增加热传导。引脚上的焊锡熔化后就被吸锡带吸走。

（4）焊锡被吸锡带吸完后，移开烙铁和吸锡带。将吸锡带吸收焊锡饱和的部分剪掉，并小心处理。

（5）检查吸锡后的焊盘，如果要清除的焊锡较多，则让焊点冷却后再重复吸锡过程。重焊一个焊点比用吸锡带清除焊点焊锡要容易。

2.3.5　表贴式多引脚元件拆卸

表贴式多引脚元器件的拆卸有两种方法。一种是直接使用电烙铁拆卸元器件，它的优点是不需要特殊工具，缺点是比较难拆卸。另一种是使用热风枪拆卸元器件，它的优点是拆卸简单方便，缺点是需要购买热风枪。

1. 使用烙铁实现拆卸

使用电烙铁只能拆卸只有两边有引脚的表贴式元器件（如 SO 封装、TSSOP 封装的元器件）。其拆卸步骤如表 2-3-4 所示。

表 2-3-4　使用电烙铁拆卸表贴式多引脚元件步骤

步　骤	图　示	说　明
元器件两边引脚上加过量焊锡		在元器件两边上的引脚添加焊锡，使多数引脚可通过焊锡形成桥接，同时被加热
来回加热两边引脚		将烙铁头在两边引脚上来回移动，使焊锡跟随烙铁头来回移动加热所有引脚，使所有引脚上的焊锡处于熔化状态

步 骤	图 示	说 明
取走元器件		用尖头镊子镊取元器件，将元器件取走
吸走焊盘上多余焊锡		使用吸锡带吸走所有焊盘上多余的焊锡，需注意的是，一般焊盘引脚很细，常见为10 mil，烙铁头在焊盘上停留时间不可过长，否则会使焊盘从电路板上脱落

提示： 在元器件两边加过量焊锡时，焊锡量不是越大越好，需根据烙铁的功率、元器件单边引脚数、单边引脚的总距离和来回移动烙铁头的速度来确定焊锡量，具体经验需在长期实践中得出。笔者使用30 W的平头电烙铁时，焊锡量大约为使30%～50%引脚粘连在一起合适。

2. 使用热风枪实现拆卸

使用热风枪拆卸元器件非常简单，选择合适的喷嘴，调节加热温度和风量，对准需要拆卸的元器件引脚加热即可。

表2-3-5 使用热风枪拆卸表贴式多引脚元件步骤

步 骤	图 示	说 明
更换合适喷嘴		根据需拆卸元器件引脚特征，选择喷嘴的形状
将喷嘴对准需拆卸元器件		将喷嘴对准需拆卸元器件的引脚，且离引脚有(5～15) mm的距离，保证喷嘴刚好可以完全覆盖所有引脚，且不会损伤引脚
调节温度、风量并开机		将温度和风量调节到合适程度，温度一般在260℃左右，风量可调得较大，不可过小

步　骤	图　示	说　明
等待元器件引脚熔化		喷出的气流需刚好落在元器件引脚上，且保证所有引脚同时被气流加热。等待元器件上所有引脚的焊锡同时熔化
取走元器件		用尖嘴镊子取走元器件，移开热风枪喷嘴，关闭热风枪电源开关
吸走焊盘上多余焊锡		使用吸锡带吸走所有焊盘上多余的焊锡，需注意的是，一般焊盘引脚很细，常见为10 mil，烙铁头在焊盘上停留时间不可过长，否则会使焊盘从电路板上脱落

提示：使用热风枪拆卸元器件时，需根据元器件引脚外形确定喷嘴的形状，不合适的形状会使被拆卸元器件周围的器件焊锡熔化脱落，甚至损坏元器件。

注意：（1）关闭热风枪电源开关后，热风枪的加热丝停止加热，但风机未停止工作，还会继续吹出风，用于冷却热风枪中的加热丝。需注意的是，不可在该过程中切断热风枪的市电供给，应等待风机停止工作后再根据需要断电。一般关闭热风枪电源开关后可不再关心它，等待加热丝冷却后，设备会自动断电。

（2）热风枪工作时，吹出的风温度很高，不可将其正对着任何物品，特别是衣物等，防止着火。

2.4 焊后清理

在手工焊接时，一般需使用松香作为助焊剂，助焊剂在焊接后一般都有部分残留，需手工进行清洗。松香没有腐蚀性，如不考虑美观问题，亦可不进行清洗，但有些助焊剂具有腐蚀性，在焊接完成后必须进行彻底清洗，防止长时间残留在引脚上，腐蚀元器件引脚。

手工清洗松香类助焊剂的方法非常简单，一般采用无水工业酒精清洗，将医用棉球用无水工业酒精彻底浸泡，然后将酒精棉球放在需要清洗的位置，用镊子镊住来回轻轻擦拭，使酒精慢慢溶解松香，并被棉球吸收，直至完全清洗干净，如图2-4-1所示。

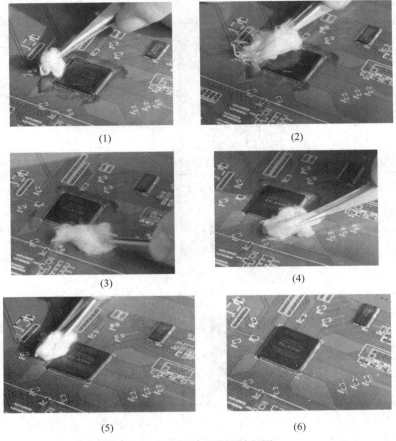

(1)　　　　　　　　　　　(2)

(3)　　　　　　　　　　　(4)

(5)　　　　　　　　　　　(6)

图2-4-1　电路板手工清洗过程图

习　题

2-1　简述电烙铁的种类和各自特点、使用注意事项。不同元器件该怎样选择烙铁功率、烙铁头外形？

2-2　烙铁头如果无法挂锡（烧死），该怎样重新挂锡（激活）？

2-3　在焊接电路板时，怎样根据需焊接的不同元器件选择焊锡？

2-4　焊接过程中，怎样选择助焊剂？不同的助焊剂各有什么特点？怎样评判松香助焊剂的优劣？

2-5　简述不同胶黏剂的用途。在电路板上固定较大较高元器件时，一般采用什么胶黏剂？

2-6　简述剥线钳、压线钳的用法。不同线径的导线该怎样选择剥线钳的口径？不同电流该怎样选择线径？

2-7　简述不同拾取元器件的工具的用法和拾取的元器件的种类。

2-8　简述不同钳子的用途。购买几种质量好的常用钳子，便于焊接调试时使用。

2-9　简述焊接调试时常用的刀具。其中无感螺丝刀的用途是什么？

2-10 学习各种工具的用法，寻找一些能够在电路板焊接、调试时提高工作效率的工具。

2-11 拿到一块电路板后，该怎样划分电路板的区域？对于电路板上待焊元件的先后焊接顺序该怎样确定？

2-12 引线式元件的焊接顺序是什么？元器件引脚该怎样成形才不损伤元件？

2-13 对于不同元件的安装方式该怎样考虑？对于较大元件，常用的固定方式有哪些？

2-14 简述表贴式元器件的焊接步骤。

2-15 怎样检查元器件焊接的可靠性？

2-16 找一块废电路板，试着在不损坏元器件的情况下，拆下上面所有元器件。

2-17 焊接完成后，怎样清洗电路板？

第3章　机器焊接

机器焊接是目前批量焊接电路板最常用的焊接手段，它具有焊接效率高、焊接可靠性高、容易检测维修、焊接一致性好等优点。对于电子设计人员而言，了解机器焊接的原理、方法和步骤，有助于设计出更为合理的电路板，进一步提高所设计产品的成品率和可靠性。

3.1　常用焊接设备

焊接设备是机器焊接过程中必用工具，根据电路板焊接所需条件，选择合适的焊接设备。

3.1.1　烘干机

烘干机用于电路板焊接前烘干含有水分的电路板，如图3-1-1所示。

图3-1-1　烘干机实物图

烘干机除了用于烘干电路板外，还可用于烘干导电银浆制作的柔性电路板、智能卡和薄膜开关等。导电银浆因基材的不同，烘干条件也不一样，如表3-1-1所示。

表3-1-1　不同基材下导电银浆的烘干条件

基材	温度/℃	时间/min
纸张	100～120	3～8
PVC材料	50	30～40
PC、PET材料	120～130	40～60
玻璃	130～150	20～30

3.1.2　点胶机

点胶机用于将表贴元器件粘贴在电路板上，用于两面都焊接表贴元器件的电路板上，其内部结构示意图如图3-1-2所示。

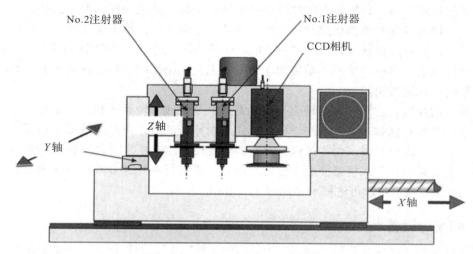

图3-1-2　点胶机内部结构示意图

点胶机内部点胶机构能在X和Y两个轴上自由运动，两个胶水注射器和一个CCD相机都附在Y轴上，两个注射器可以旋转，旋转的方向可在程序中设定，注射器垂直移动方向由单独的伺服电机控制，移动的上限和下限也可以在程序中设定。CCD相机能照出电路板上的标识点，并通过标识点自动调整胶点的位置来确保点胶的精确度。

3.1.3　贴片机

全自动贴片机是用来实现高速、高精度地全自动贴放元器件的设备，是整个SMT生产中最关键、最复杂的设备。贴片机已从早期的低速机械贴片机发展为高速光学对中贴片机，并向多功能、柔性连接、模块化发展，贴片机实际上是一种精密的工业机器人，是机—电—光以及计算机控制技术的综合体，实物如图3-1-3所示。它通过吸取—位移—定位—放置等功能，在不损伤元件和印制电路板的情况下，将表贴元件快速而准确地贴装到PCB板所指定的焊盘位置上。

元件的对中有机械对中、激光对中、视觉对中3种方式。贴片机由机架、x-y运动机构（滚珠丝杆、直线导轨、驱动电机）、贴装头、元器件供料器、PCB承载机构、器件对中检测装置、计算机控制系统组成，整机的运动主要由x-y运动机构来实现，通过滚珠丝杆传递动力，由滚动直线导轨

图3-1-3　全自动贴片机实物图

实现定向的运动，这样的传动形式不仅使其自身的运动阻力小、结构紧凑，而且较高的运动精度保证了各元件的贴装位置精度。

贴片机在重要部件如贴装主轴、动/静镜头、吸嘴座、送料器上进行了 Mark 标识。机器视觉能自动求出这些 Mark 中心系统坐标，建立贴片机系统坐标系和 PCB、贴装元件坐标系之间的转换关系，计算得出贴片机的运动精确坐标；贴装头根据导入的贴装元件的封装类型、元件编号等参数到相应的位置抓取吸嘴、吸取元件；静镜头依照视觉处理程序对吸取元件进行检测、识别与对中；对中完成后贴装头将元件贴装到 PCB 上预定的位置。这一系列元件识别、对中、检测和贴装的动作都是工控机根据相应指令获取相关的数据后指令控制系统自动完成的。

目前，贴片机大致可分为四种类型：动臂式、复合式、转盘式和大型平行系统。不同种类的贴片机各有优劣，通常取决于应用或工艺对系统的要求，在其速度和精度之间也存在一定的平衡。试验表明，动臂式机器的安装精度较好，安装速度为每小时 5000 ~ 20 000 个元件。复合式和转盘式机器的组装速度较高，一般为每小时 20 000 ~ 50 000 个。大型平行系统的组装速度最快，可达每小时 50 000 ~ 100 000 个。

3.1.4　回流焊设备

回流焊又称"再流焊""再流焊机"或"回流炉"，它是通过提供一种加热环境，使焊锡膏受热熔化，从而使表面贴装元器件和 PCB 焊盘通过焊锡膏合金可靠地结合在一起的设备。其实物图如图 3-1-4 所示。

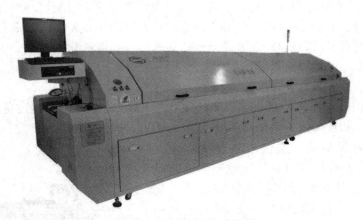

图3-1-4　回流焊设备实物图

回流焊设备安装在贴片机之后，当元器件贴装在电路板上后，即可将电路板通过传输带送入回流焊设备进行焊接。目前常用的回流焊设备类型有以下几种。

1. 红外线辐射回流焊

此类回流焊炉依靠传送带传动，但传送带仅起支托和传送基板的作用，其加热方式主要依靠红外线热源以辐射方式加热，炉膛内的温度均匀，网孔较大，适于对双面组装的基板进行回流焊接加热。这类回流焊炉是回流焊炉的基本型。

2. 红外加热风回流焊

这类回流焊炉是在红外线辐射回流焊炉的基础上加上热风使炉内温度更均匀。单纯使用红外辐射加热时，人们发现在同样的加热环境内，不同材料及颜色吸收热量是不同的，加上热风后可使温度更均匀，从而克服吸热差异及阴影不良等情况。

3. 充氮回流焊

随着组装密度的提高、精细间距组装技术的出现，产生了充氮回流焊工艺和设备，改善了回流焊的质量并提高了成品率。充氮回流焊已成为回流焊的主要发展方向，其主要有以下优点：

（1）防止氧化。

（2）提高焊接润湿力，加快润湿速度。

（3）减少锡球的产生，避免桥接，提高焊接质量。

4. 双面回流焊

双面PCB的应用已经相当普及，它提供了极为良好的弹性空间，设计出的产品小巧、紧凑、低成本。到今天为止，双面板一般都采用回流焊来焊接上面（元件面），通过波峰焊来焊接下面（引脚面）。目前的一个趋势倾向于双面回流焊，但是这个工艺制程仍存在一些问题。比如会出现电路板的底部元件可能会在第二次回流焊过程中掉落，或者底部焊接点的部分熔融而造成焊点的可靠性问题。

5. 通孔回流焊

通孔回流焊有时也称做分类元件回流焊，正在逐渐兴起。它可以去除波峰焊环节，而成为PCB混装技术中的一个工艺环节。通孔回流焊可以在发挥表面贴装制造工艺的优点的同时使用通孔插件来得到较好的机械连接强度。由于较大尺寸的PCB板不能使所有表面贴装元器件的引脚都能和焊盘接触，就算引脚和焊盘都能接触上，它所能提供的机械强度也不够大，因而产品在使用过程中引脚与焊盘容易脱开而成为故障点。

3.1.5　引脚成形机

简易式引脚成形设备如图3-1-5所示，它将卷带式连载元器件通过绞盘送入成形机构，成形机构将元器件引脚折弯成需要的样式。

3.1.6　插接机

引线式元器件在成形后，就可以插接到电路板上。插接设备自动抓取引线式元器件时，需要元器件有规律的排列，所以通常使用编带式固定的元器件。插接设备

图3-1-5　简易式引脚成形设备

在抓取元器件时，使用切刀将元器件从编带中切离，并使用整形设备将引脚整形，抓取元件后，根据设备内部程序要求配合摄像头进行自动校准，将元器件准确地插入电路板引脚焊盘中。常见引线式元器件插接设备如图3-1-6所示。

3.1.7　波峰焊设备

波峰焊设备用于引线式元器件的自动焊接，它将熔化的软钎焊料（铅锡合金），经电动泵或电磁泵喷流成设计所要求的焊料波峰（亦可通过向焊料池注入氮气来形成），使预先装有元器件的印制板通过焊料波峰，实现元器件引脚与印制板焊盘之间机械与电气连接的软

钎焊。波峰焊设备实物如图3-1-7所示。

图3-1-6 引线式元器件插接设备　　　　图3-1-7 波峰焊设备实物图

波峰焊是将熔融的液态焊料，借助于泵的作用，在焊料槽液面形成特定形状的焊料波，将插装了元器件的PCB置于传送链上，经过某一特定的角度以及一定的浸入深度穿过焊料波峰而实现焊点焊接的过程。波峰焊有如下优点：

（1）提高助焊剂的活性。

（2）提高PCB的预热温度，增加焊盘的湿润性能。

（3）提高焊料的温度。

（4）去除有害杂质，降低焊料的内聚力，以利于两焊点之间的焊料分开。

3.1.8　引脚剪切机

在电路板焊接完成后，需要将引线式元器件引脚的多余部分切除，防止其弯曲与电路板上其他元器件引脚相连，造成电路短路。引脚剪切设备比较简单，将电路板放入导轨后，驱动导轨带动电路板缓慢移动，在电路板下方一定距离处放置一高速旋转的砂轮切刀，将引脚过长部分切除。常见引脚剪切设备实物图如图3-1-8所示。

图3-1-8 引脚剪切设备

3.2　机器焊接步骤

机器焊接的方法步骤比较固定，即先焊接表贴式元器件，后焊接引线式元器件。表贴式元器件的焊接流程是：烘烤除湿→刷锡膏→点胶→贴装元器件→回流焊→检查。引线式元器件的焊接流程是：插装元器件→预涂助焊剂→波峰焊→切除多余插件脚→检查。这些基本流程中的部分步骤在实际焊接中可能未使用。

3.2.1　烘烤除湿

为了避免电路板吸水而造成高温焊接时的爆板、溅锡、吹孔、焊点空洞等问题，长期储存的板子应先行烘烤，除去可能吸入的水分。其作业温度与时间的匹配如表3-2-1所示，（若劣化程度较轻者，其时间则可减半）。烘后冷却的板子要尽量在2～3天焊完，以避免再度吸水续增困扰。

表 3-2-1   烘烤温度与时间的匹配

温度/℃	时间/h
120	3.5～7
100	8～16
80	18～48

3.2.2   刷锡膏

刷锡膏是机器贴装元器件前的必备过程，刷锡膏需要开网板。网板一般使用铝板开孔实现，开孔的位置与表贴元器件的引脚焊盘位置一一对应，保证网板可以放置在电路板上，电路板上表贴元器件的引脚焊盘全部镂空在外。将锡膏倒入网板中，使锡膏可以通过镂空的位置流到电路板上表贴元器件的引脚焊盘上，如图3-2-1所示。

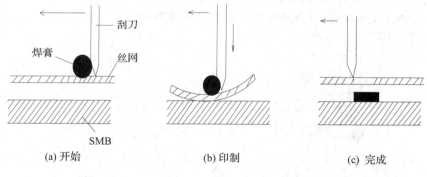

图3-2-1   刷锡膏示意图

提示：网板的厚度决定了元器件引脚上的焊锡量，过薄的网板就会使电路板出现虚焊的问题，增大调试维修难度，建议采用较厚的网板。较厚的网板会使细密引脚焊接时出现连焊的问题，同样会增大维修的难度。这时就需要电路板设计者使用一个小技巧，将需开网板的电路文件上的细密引脚焊盘设计得比电路板实际焊盘细一些，如电路板引脚为10 mil宽度，可将网板上的改为8 mil宽度，使较厚的网板在贴片电阻、电容类元器件的焊盘上的焊锡饱满，在MCU类元器件(使用细密封装，如QFP100)的焊盘上的焊锡较薄，这样就可保证电路板不会出现虚焊、连焊的现象，提高电路板焊接可靠性。

3.2.3   点胶

点胶的目的是将元器件粘在电路板上，防止其脱落，而一般元器件在焊接好后不存在脱落的问题，只有在焊接过程中可能会脱落。脱落的原因是电路板两面都有表贴元器件，在贴装焊接好一面后，再次贴装焊接另一面时，上次贴装焊接好的元件因为加热使焊锡熔化，导致元器件脱落。故在焊接两面都有表贴式元器件的电路板时，需增加点胶工序。图3-2-2给出了一款增加点胶工艺的电路板局部实物图。

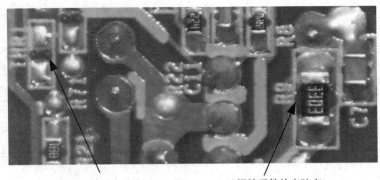

未焊元件的点胶点   已焊接元件的点胶点

图3-2-2 增加点胶工艺的电路板

点胶的方法有多种，常见的有针印法和注射法。针印法是利用针状物浸入黏合剂中提起时针头挂上一定量的黏合剂，将其放到SMB预定位置，使黏合剂点到板上。如图3-2-3所示，当针蘸入黏合剂深度一定且胶水黏度一定时，重力作用保证了每次针管携带黏合剂的量相等，如果按印制板位置做成针板并用自动系统控制黏度、针插入深度等过程，即可完成自动针印工序。

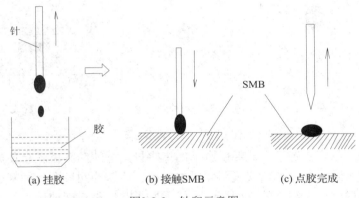

(a) 挂胶   (b) 接触SMB   (c) 点胶完成

图3-2-3 针印示意图

注射法是用如同医用注射器一样的方式将粘合剂或焊膏注射到SMB上。通过选择注射孔的大小、形状和注射压力来调节注射物的形状和量。

提示：增加点胶工序焊接的电路板，在维修时难度较大，因为即使将元器件上所有引脚的焊锡都熔化，元器件还是会因为有胶粘着无法取下。这时需使用薄刀片将元器件从电路板上撬开，撬开时需小心仔细，否则有可能损坏元器件。

3.2.4 贴装元器件

用贴片机贴装元器件是焊接表贴式元器件必备的过程。在贴装元器件之前，需要对贴片机进行编程，告诉机器需要将物料口哪个位置的元器件放置在电路板上对应元件封装的位置。图3-2-4给出了贴片机贴装元器件的工作过程实物图，由图可以看出，不同的元器件放置在不同的物料口，由机器手臂自动抓取并放置到相应的电路板位置。

图3-2-4 贴片机贴装元器件

使用贴片机进行元器件贴装时，需先试贴，测试编程是否有误。在查看电路板时，需注意以下几点：

（1）观察电路板上元件位置是否放置正确，建议与元器件放置明细表一一对比。

（2）观察电路板上特殊用途电容是否放错，如振荡电路中电容、射频电路中电容、滤波电路中电容。

（3）观察电路板上有极性元器件的极性是否放置正确，如电容、二极管。

（4）观察电路板上多引脚元件的1脚是否放置正确。

（5）观察高密度引脚放置是否精确，所有引脚是否与电路板上元器件封装引脚一一对应。

3.2.5 回流焊

回流焊是通过熔化先前刷在电路板贴片元器件引脚上的锡膏来与元器件引脚进行焊接的一种工艺，在焊接过程中不再使用焊锡。

回流焊接最常用的方法就是红外加热和强迫对流，大约60%的热量传递来自热风的对流，另外40%的热量传递来自红外辐射或加热板。回流焊接炉内产生的热量需要进行精细的调整，因为如果电路板加热不充分，就不能进行良好的焊接。在整个回流焊接过程中，各个位置温度与时间的关系称为热曲线图，每个焊炉以及每一个电路板都有其独特的热曲线图，它给出了电路板在各个阶段温度相对于时间的曲线关系。通常，热曲线图包含五个阶段，采用共晶点为179℃的焊锡。

（1）预加热区域。

① 在第一阶段将电路板的温度缓慢地从室温升高到大约80℃，温度升高速率不超过2℃/s。

② 在第二阶段将电路板的温度升高到基板的T_G值（对于FR-4为(135 ~ 145)℃），温度升高速率大约为(3 ~ 4)℃/s。

③ 在第三阶段将温度缓慢地升高到155℃，其温度升高速率不超过0.5℃/s。

预加热区域中主要完成传递少许的热量，使温度缓慢、均匀、逐渐的增加到接近于155℃，该区域完成下列功能：

① 助焊剂的活化。

② 防止向电路板和元器件一次性地提供全部所需的热量而引起热冲击，这类热冲击可能会导致电路板和某些元器件的损坏。

③ 使电路板上的湿气和挥发性物质蒸发，否则它们可能会从焊锡中猛烈地冲出，引起吹孔。

（2）回流区域：在第四阶段将温度统一升高到$(215 \sim 235)℃$。

回流区域用于完成焊锡的重新熔化并发生沾锡作用，对于该区域来讲，为形成适当的分子间键，热量传递的方法、重熔区域的温度以及传送带的速度都是非常重要的因素。

（3）冷却区域：在第五阶段较快地将电路板温度冷却到室温，但温度下降速率限制在小于$5℃/s$的范围。

冷却区域用于使焊锡和电路板缓慢的冷却到室温，并使元器件与电路板最终完成电气和机械连接，冷却阶段必须控制温度，温度降低不能太快。

回流焊机的基本操作步骤如下：

（1）检查设备里面有无杂物，做好清洁，确保安全后开机，选择生产程序开启温度设置。

（2）根据PCB宽度进行回流焊导轨宽度调节，开启传送带运送、冷却风扇。

（3）回流焊机温度控制有铅产品最高$(245\pm5)℃$，无铅产品锡炉温度控制在$(255\pm5)℃$，预热温度：$(80 \sim 110)℃$。根据焊接生产工艺给出的参数，严格控制回流焊机电脑参数设置，每天按时记录回流焊机参数。

（4）按顺序先后开启温区开关，待温度升到设定温度时即可开始过PCB板，过板时注意方向。保证传送带的连续2块板之间的距离。

（5）将回流焊输送带宽度调节到相应位置，输送带的宽度及平整度与电路板相符，检查待加工材料批号及相关技术要求。

（6）小型回流焊机不得将电路板进行时间过长、温度过高的焊接，以免引起铜箔起泡现象。焊点必须圆滑光亮，电路板必须保证全部焊盘上锡。焊接不良的电路板必须重过，二次重过须在冷却后进行。

（7）要戴手套接取刚焊接过的PCB板，只能接触PCB边沿，抽检样品，检查不良状况，并记录数据。

（8）将已焊好的电路板分类放好。在焊接过程中，如果焊接温度不理想，可通过仪器测量焊接流程的温度曲线。方法是将传感器依次插到测试仪的接收插座中，打开测试仪电源开关，把测试仪置于回流焊内与旧PCB板一起过回流焊，用计算机读取测试仪在过回流焊接过程中记录的温度数据，即为该回流焊机的温度曲线的原始数据。

3.2.6 元器件成形

批量焊接时，卷带式连载元器件的引脚成形可用引脚成形设备，其他元器件根据实际需要可自行设计成形设备。元器件引线成形的基本原则如下：

（1）电子元器件在安装到电路板上时，必须事先对元件的引脚进行整形，以适应电路安装的需要。

（2）电子元器件的引线成型主要是为了使元器件的安装尺寸满足印制电路板上元件安

装孔尺寸的要求。

（3）由机器自动组装元器件时元器件的引线形状需要单独进行加工。

（4）集成电路的引线有单列直插式和双列直插式两种，一般无需对其进行成形加工。

不同的元器件成形方法是不同的，下面分别粗略介绍各元器件成形方法。

1. 轴向元器件的成形方法

1）卧装成形

根据PCB上元器件的孔位中心距离确定元器件的引脚间距。如果没有特殊说明，卧式水平安装在电路板上的具有轴向引线的元件主体（包括末端的铅封或焊接）必须大体上处于两个安装孔的中间位置。

对于非金属外壳封装且无散热要求的二极管（过电流小于2 A或功率小于2 W）、电阻（功率小于1 W）等可以采用卧装贴板成形方式。明确贴板成形的元器件，波峰焊后最大抬高距离不大于0.7 mm。

对于金属外壳封装（如气体放电管）或有散热要求的二极管（过电流大于等于2 A或功率大于等于2 W）、电阻（功率大于等于1 W）等，必须抬高成形。明确需要抬高成形的元器件最小抬高距离不小于1.5 mm。

2）立装成形

根据PCB上元器件的孔位中心距离确定元器件的引脚间距。可以通过元器件顶部2个折弯位置的距离来控制引线插件的距离，该方法适用于二极管、电阻、保险管等。

除非使用或者借助辅助材料保障抬高和支撑（例如：瓷柱或磁珠），否则如果不折弯本体下部引线，则要求元器件必须垂直板面（或倾斜角度满足相关要求），同时波峰焊后抬高距离要求大于0.4 mm，小于3.0 mm。

2. 径向元器件的成形方法

1）立装成形

为了防止元器件的封装材料插入焊孔而影响透锡，立装元器件的引线一般需要打折成形。通过控制打折的位置可以控制元器件本体距离板面的距离，元器件本体抬高距离板面不小于1.5 mm。该方法适用于陶瓷封装的压敏电阻、热敏电阻、电容等。

2）卧装成形

卧装成形适用于陶瓷封装的压敏电阻、热敏电阻、电容、电解电容等，要求波峰焊后元器件至少有一边或一面与印制板接触。

3. 功率半导体元器件的成形方法

1）立装成形

为防止元器件封装壳体与引脚连接处开裂，折弯处到引线台阶（元件引脚上突然增宽的部分）的距离必须大于等于1.0 mm。

2）卧装成形

当一些设备内部空间较小而无法放置立装成形的元器件时，就需要卧装成形，将安装散热器后的器件卧式焊接在电路板上。卧装成形时，折弯处到引线台阶的距离必须保证大于等于1.0 mm。

3.2.7 元器件插装

1. 手工插装

手工插装通常以一个批次为基础进行小批量的生产或样机制作。板子上的通孔用来插装元器件和完成电气连接并达到一定的机械强度。为了保证可靠的工作，通孔的尺寸必须与元器件引脚的直径相匹配，同样，焊盘也必须有合适的尺寸。为了使板子获得良好的机械强度，轴心引脚的元器件和放射状引脚的元器件的引脚都应插在通孔中，引脚应当进行适当地剪切后再进行焊接。这种情况下，所有的元器件在贴装到电路板之前需要进行预先成形，该操作可以手工进行也可以通过模具或夹具来完成。若用手工方法进行，元器件的预先成形可以使用钳子、手工剪或其他用于弯曲的工具；若需要装配的印制电路板的数量很大，则可利用模具或夹具来完成。一旦元器件形成所需要的形状和尺寸后，就可以插入通孔进行装配了。

手工装配首选的方法是：用一个带有多个盛装元器件小仓的旋转圆桌，将已经完成预先成形的元器件放在每一个小仓里，装配工坐在旋转的桌子旁，将小仓转到合适的位置，从中拾取元器件将其贴装到印制电路板的相应位置上。

当必须将元器件的引脚扭弯时，可将电路板放置在一个特殊的固定装置上，该装置包括一个框架，其上有被金属板支撑的厚泡沫材料，组装板就固定在这个可以旋转的框架上。通过旋转电路板，元器件的引脚就转到了装配者面前，用钳子捏住引脚准备剪切或弯曲的位置即可将其扭弯。操作时由电路板的左下角向板子的右上角逐一进行。

由计算机控制的光定位系统，可以帮助操作者正确无误地插入元器件。不同的元器件放置在不同的小仓中，当需要插接某一特定小仓中的元器件时，该小仓被转到操作者前面，小仓上方的活门打开，一个光点出现在电路板上该元器件将要插入的位置。如果需要再次使用同一类元器件，小仓上面的活门仍旧保持打开状态，电路板上的光点移到一个新的位置。对于有极性的元器件，光点在元器件插入的位置来回移动并指示出特定的极性。训练有素的操作者可以使用双手非常迅速地进行装配操作。

电路板上所有元器件的长引脚插入通孔以后，将框架中的电路板拿到电动剪切机上，剪切机将元器件引脚剪切到适当的长度并固定在相应的焊接点上。接下来插入另外一些有适当长度引脚的元器件，例如半导体器件、继电器、电感线圈及连接器等，一旦插好了所有的元器件，板子就可以进行波峰焊接了，焊接时印制电路板上有一层焊接掩膜，只有焊盘和印制线等需要焊接的部位才暴露在外面。

在所有的元器件均定位在各自的位置上并根据需要弯曲紧固后，开始焊接前的检查。检查时使用一张透明的聚酯薄膜，其上有标明元器件位置的装配图，通过将印制电路板与透明的聚酯薄膜相对照，就可以很容易地识别并纠正缺失和移位的元器件。

2. 自动插装

自动插装用于工厂的大批量生产。自动插装是采用先进的元件自动插装机来安装元器件，设计者要根据元器件在印制板图上的位置，编出相应的程序来控制自动插装机的插装工作。自动插装具有以下优点：

（1）将插入的元器件引线自动打弯，牢固地固定在印制板上。

（2）消除了手工的误插、漏插等情况，提高了产品质量和生产效率。

在元器件插装时，其基本插装原则如下：

（1）插装的顺序：先低后高，先小后大，先轻后重。

（2）元器件的标识：电子元器件的标记和色码部位应朝上，以便于辨认。横向插件的数值读法应从左至右，而竖向插件的数值读法则应从下至上。

（3）元器件的间距：在印制板上的元器件之间的距离不能小于1 mm；引线间距要大于2 mm（必要时，引线要套上绝缘套管）。一般元器件应紧密安装，使元器件贴在印制板上，紧贴的容限在0.5 mm左右。对于以下情况的元器件不宜紧密贴装，而需浮装：

① 轴向引线需要垂直插装的，一般元器件距印制板(3 ～ 7) mm。

② 发热量大的元器件(大功率电阻、功率管等)。

③ 受热后性能易变坏的器件(如集成块等)。

（4）大型元器件的插装方法：形状较大、重量较重的元器件如变压器、大电解电容、磁棒等，在插装时一定要用金属固定件或塑料固定架加以固定。采用金属固定件固定时，应在元件与固定件间加垫聚氯乙烯或黄蜡绸，最好用塑料套管防止损坏元器件和增加绝缘，金属固定件与印制板之间要用螺钉连接，并需加弹簧垫圈以防因振动而使螺母松脱。采用塑料支架固定元件时，先将塑料固定支架插装到印制板上，再从板的反面对其加热，使支架熔化而固定在印制板上，最后再装上元器件。

元器件插装还要注意以下事项：

（1）元器件与印制板表面之间的间距应不小于0.2 mm。

（2）组装电路板时所使用的电路板、元器件、材料和辅助材料等，经检验符合有关标准规定后方能使用。

（3）对于静电敏感元器件、组件在储存、加工、传递、组装和包装等过程中，均应符合有关防静电技术标准的规定。

（4）插装元器件时，应保证元器件的标志易于识别，元器件在印制板上的装接方向应符合印制板版面的方向，有极性的元器件应按图纸要求的方向来安装。

（5）插装元器件时，应按照先低后高、先轻后重、先一般后特殊的原则，一般要求最后装大规模集成电路。

（6）水平插装的元器件底面要紧贴电路板表面。

（7）电路板组装时的组装环境应清洁、光线充足、通风良好。

（8）组装完成的电路板采用波峰焊时，应按电路板组装件波峰焊工艺规范和电路板组装件部件指导书进行焊接。

（9）当元件的引线穿过电路板后需要折弯时，其方向应沿着电路板导线紧贴焊盘，折弯长度不应超出焊接边缘有关规定的范围。

（10）装配高频电路的元器件应注意按设计文件和工艺的要求，连线与元件引线应尽量的短，以减少分布参数。

（11）诸如集成电路及插座、微型开关、多头插座等多引线元件在插入印制板前，需注意安装方向，不可插反。

为了说明元器件的自动插装流程，图3-2-5给出了一种引线式元器件的自动装配方案。元器件从卷带中切下后，由内侧成形器和外侧成形器将其成形成订书钉状，然后将其推向下方插入电路板上的插孔中，最后由切刀机构将其折弯并将引脚多余部分剪切掉。

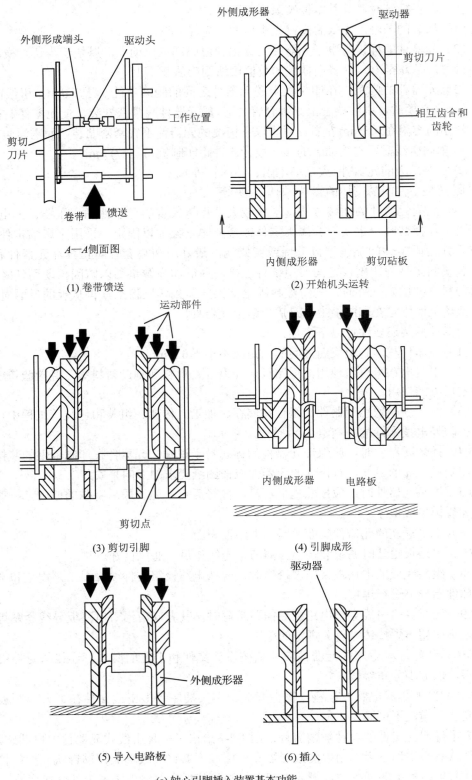

A—A侧面图

(1) 卷带馈送

(2) 开始机头运转

(3) 剪切引脚

(4) 引脚成形

(5) 导入电路板

(6) 插入

(a) 轴心引脚插入装置基本功能

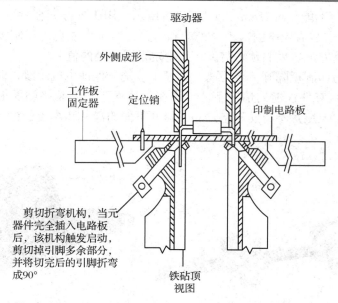

(b) 典型的剪切弯曲单元与剪切和弯曲之前的顶视图

图3-2-5 轴心引脚元器件的基本自动插装流程示意图

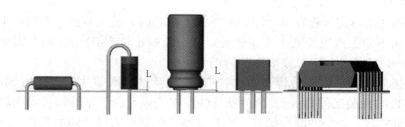

图3-2-6 合格的插装电路板

插装完成后，需检查插装的效果，合格的插装电路板应如图3-2-6所示，所有元件应紧贴电路板，无歪倒现象。有极性的元件必须保证极性插装正确，常见的不合格插装电路板如图3-2-7所示。

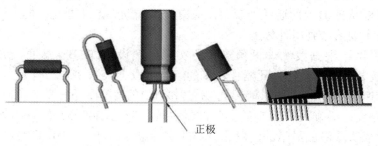

图3-2-7 不合格插装电路板

对于一些特殊的插装元件，可能需要安装紧固螺钉。螺丝钉、螺栓固定紧固后外留长度为1.5～3个螺扣，紧入不少于3个螺扣。沉头螺钉旋紧后应与被紧固件保持平整，允许稍低于零件表面但不能超过 2 mm，如图 3-2-8 所示。用于连接元器件的金属结构件(如铆钉、焊片、托架)安装后应牢固，不得松动和歪斜，对于可能会对印制板组装件的结构或性能造成损坏的地方，要采取预防措施，如规定紧固扭矩的值。

安装散热器应与印制板隔开一定距离，以便于清洗，保证电气绝缘，防止吸潮。在不影响焊接或印制板组装件性能的情况下，允许在元器件下面安装接触面很小的专用垫片(如支脚、垫片等)，但垫片不得妨碍垫片和元器件下面的清洗和焊点的检验。散热器安装示意如图 3-2-9 所示。

图3-2-8　螺丝钉紧固示意图

图3-2-9　散热器安装示意

3.2.8　波峰焊

利用已熔化的液态焊锡在马达驱动之下向上扬起的单波或双波，对斜向上升输送而来的电路板，从下向上压迫使液态焊锡进孔，或对点胶定位 SMD 组件的空脚处进行填锡形成焊点的过程，称为波峰焊。波峰焊的流程如下：

(1) 焊接前准备：检查待焊 PCB(该 PCB 已经经过涂敷贴片胶、SMC/SMD 贴片、胶固化并完成 THC 插装工序)后附元器件插孔的焊接面以及金手指等部位是否涂好助焊剂或用耐高温黏带贴住，以防波峰后插孔被焊料堵塞。如有较大尺寸的槽和孔也应用耐高温黏带贴住，以防波峰焊时焊锡流到 PCB 的上表面。还要将助焊剂接到喷雾器的软管上。

(2) 开机：打开波峰焊机和排风机电源，根据 PCB 宽度调整波峰焊机传送带(或夹具)的宽度。

(3) 设置焊接参数：设置波峰焊时的各种参数，常见参数如下。

① 助焊剂流量：根据助焊剂接触 PCB 底面的情况确定，使助焊剂均匀地涂覆到 PCB 的底面。还可以从 PCB 上的通孔处观察，应有少量的助焊剂从通孔中向上渗透到通孔顶面的焊盘上，但不要渗透到组件体上。

② 预热温度：根据波峰焊机预热区的实际情况设定(PCB 上表面温度一般在(90 ～ 130) ℃，大板、厚板以及贴片元器件较多的组装板取上限)。

③ 传送带速度：根据不同的波峰焊机和待焊接 PCB 的情况设定(一般为(0.8 ～ 1.92) m/min)。

④ 焊锡温度：必须是打上来的实际波峰温度，应为(240±5) ℃。由于温度传感器在锡锅内，因此表头或液晶显示的温度比波峰的实际温度高(5 ～ 10) ℃左右。

⑤ 测试波峰高度：调到超过 PCB 底面，在 PCB 厚度的 2/3 处。

(4) 首件焊接并检验：把 PCB 轻轻地放在传送带(或夹具)上，机器自动进行喷涂助焊剂、干燥、预热、波峰焊、冷却。在波峰焊出口处接住 PCB，按出厂检验标准检查电路板是否存在焊接问题。

（5）根据首件焊接结果调整焊接参数。

（6）连续焊接生产：连续波峰焊的焊接过程中每块印制板都应检查质量，有严重焊接缺陷的印制板，应立即重复焊接一遍。如重复焊接后还存在问题，应检查原因，对工艺参数作相应调整后才能继续焊接。

1. 电路板的助焊剂涂敷

将助焊剂涂敷到组装板底面的过程，既可以将要焊接部件表面上的氧化物去除，同时保护这些表面，以防止其在预加热区域发生进一步的氧化。

当助焊剂接触加热的组装板上暴露的金属时，会发生化学反应，这些氧化物和污染物被熔融的焊锡带走，从而将氧化物和污染物去除。为保证焊接效果最佳，留在电路板上助焊剂的量有一个最佳范围，它取决于：

（1）助焊剂使用的方法。

（2）所使用液体的数量。

（3）溶剂与助焊剂溶液的分数比值。

助焊剂常常以液态的方式进行涂敷，以便迅速平整地覆盖所有的焊接区域。

向电路板上涂敷助焊剂的方法很多，其中，最常用的是泡沫助焊剂涂敷、波峰助焊剂涂敷和喷洒助焊剂涂敷。通过这些方法可以在电路板背面形成连续的助焊剂薄膜，只有这样才能促进镀铜孔中的毛细提升。润湿的助焊剂通常形成一个(5 ～ 20) μm厚的薄层，在焊接中，该薄层有助于去除氧化膜，进而避免由于过多的焊锡从波峰焊接槽中带出而形成焊锡桥接这一现象。

1）泡沫助焊剂涂敷

在该方法中，液态的助焊剂从一个大的储液槽中施加到电路板上，此时采用通风装置产生一个剧烈的沸腾状泡沫表面，并使组装好的电路板的背面紧贴该表面穿过，该装置如图3-2-10所示。压缩的、洁净干燥的空气从浸没在存有助焊剂的储液槽中的多孔石(或管道)中穿过，在一个较宽的喷液口顶部形成一个泡沫突起，并使凸起的顶部刚好到达传送装置。当低压压缩空气穿过管道的孔隙吹出时，它将产生细小的泡沫，通过挡板将其引导

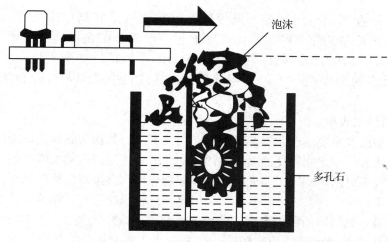

图3-2-10　泡沫助焊剂涂敷方法

到表面上，表面上破裂的气泡有助于使助焊剂涂敷到通孔的孔壁上。泡沫超出喷液口的高度是有限的，如果由于穿过泡沫助焊剂涂敷装置的电路板上元器件的引脚过长，所需要的喷液高度较高，则可以通过触片来增加辅助泡沫的突起。助焊剂的黏度是控制泡沫高度的一个重要参数，如果黏度太高，则气泡不能适当地破裂，这种情况下，泡沫就有可能失去控制，上升太高而导致溢出；如果黏度太低，获得泡沫作用可能非常困难。该方法的优点是其涂敷非常迅速且助焊剂涂敷的量与传送装置的速度无关。

2）波峰助焊剂涂敷

在这种方法中，助焊剂的涂敷是将电路板穿过助焊剂固定波峰的顶部，其装置如图3-2-11所示。采用一个泵迫使助焊剂穿过一个较宽的喷液口，并使液体在其顶端溢出，以形成一个波峰，将组装好的电路板在波峰中通过。该装置操作简单、易于维护，但此方法常常由于过高的流体压力而导致涂敷的助焊剂比所需要的多得多，因此，操作时对泵的涡轮的控制就成了一个关键因素。

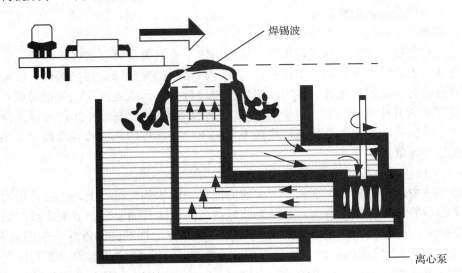

图3-2-11 波峰助焊剂涂敷装置

许多波峰助焊剂涂敷装置都在助焊剂涂敷完成以后立刻使用气刀去除多余的助焊剂。操作时小流量的空气经过仔细的调整以一个微小的角度向后作用在电路板上，这样就不会吹掉所有的助焊剂，气刀可以帮助助焊剂扩散并使其进入到通孔中。如果电路板上过多的助焊剂不予以去除，在预加热过程中助焊剂可能会滴落下来从而引起火灾。

3）喷洒助焊剂涂敷

喷洒助焊剂涂敷是使液态助焊剂产生定向的喷洒，将其涂敷到组装好的印制电路板的底面。该系统或者使用来回往复的喷嘴喷洒技术，或者使用固定的喷嘴喷洒技术，它们都利用计算机编程来对助焊剂进行精确的控制，使助焊剂相当准确地涂敷在电路板指定的长度和宽度内。无论哪一种系统，计算机都采用光导纤维或接近开关感应电路板的速度以形成所需的信息来计算所需的覆盖范围。一种喷洒助焊剂涂敷装置如图3-2-12所示，它包含一个带有近距离放射状弹簧叶片的转轮，通过在储液槽中转动加载助焊剂，当转轮旋转时，助焊剂就依次从每一个叶片中涌出，涂敷到电路板的下面。涂敷到电路板上的助焊剂的量依赖于溶解到溶剂中的固体助焊剂的量，此参数一般通过液体的密度来监控和保持，这一操作既可以自动操作，也可以使用液体比重计手动操作。

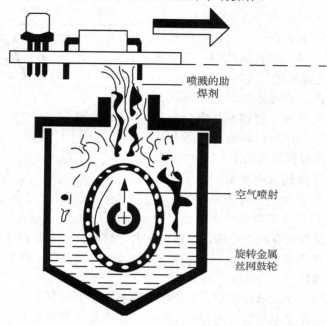

喷溅的助焊剂

空气喷射

旋转金属丝网鼓轮

图3-2-12 喷洒助焊剂涂敷装置

助焊剂的涂敷过程常常伴随着污染物的产生，使用泡沫助焊剂涂敷和波峰助焊剂涂敷时需要定期检测助焊剂溶液中污染物的含量，因为在进行电路板助焊剂涂敷时助焊剂会连续不断地将电路板上的污染物带到助焊剂溶液中。所以要根据所使用助焊剂的类型和已经涂敷的区域来定期地进行助焊剂涂敷装置的清洗和再填充。对于喷洒助焊剂涂敷来讲，本质上不存在助焊剂污染问题。

2. 预热

当电路板涂敷好助焊剂后，在进行波峰焊接前，需要经过一个预热阶段，这三个步骤常常合为一体，预热过程的主要用途如下：

（1）增加助焊剂的活性与能力，使其更易于清除待焊表面的氧化物与污物，增加其焊锡性，此点对于"背风区"等死角处尤其重要。

（2）提升板体与零件的温度，使其与焊接温度更加接近，这就可以缩短焊接时间，如果没有预加热，所需的热量全部来自波峰焊接，则焊接需要较长的停留时间。

（3）组装板的温度从室温到波峰焊接温度升高得太快会发生热冲击，这一极度的温度脉冲会破坏某些热敏元器件，还可能导致电路板的向下弯曲和扭曲。

（4）使助焊剂溶剂蒸发，否则残留的助焊剂溶剂可能进入焊锡波而引起吹孔。

（5）使电路板中的湿气蒸发，这些湿气会引起吹孔。

预加热是"热曲线图"的重要组成部分，它可以通过热风的循环对流、红外线灯的辐射和热的金属板或上述几种方法的结合来获得热量，前面所提到的辐射热直接作用到电路板的底面或焊接面。

波峰焊接设备的预加热阶段将电路板的温度升高到$(80 \sim 120)℃$，最常使用的助焊剂的载体是异丙醇，其沸点为$82.4℃$，因此助焊剂载体在电路板预加热阶段的蒸发和最终挥发非常迅速。

3. 焊接

焊锡波有两个基本的作用：一是将热量传递到元器件的引脚、焊垫和镀铜孔中，二是递送焊锡以完成机械连接和电气连接。

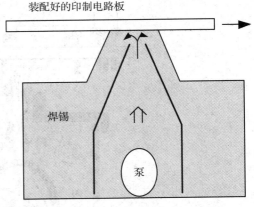

图3-2-13 波峰焊接装置示意图

为完成上述功能，需要熔融焊锡的连续再补充，可以通过从集液槽中将熔融焊锡泵起来完成焊锡的再装满。装配好的印制电路板从焊锡波的顶部经过，其装置示意如图3-2-13所示。

该装置使用电子控制泵电动机，以避免在开机时，焊锡还没有完全熔化就使泵开始工作从而导致泵损坏。某些焊锡槽由一个喷嘴产生一个波峰，有些焊锡槽装有两个喷嘴，可以产生两个波峰。每一个焊锡槽都应配备控制热量设定的设施，对于单波峰来说，温度应设定在$(250 \sim 257)℃$，对于双波峰的焊锡槽来说，温度应设定在$(245 \sim 255)℃$。

对于单面板，插入的元器件引脚在电路板背面被焊接到焊盘上，对于含有通孔的双面板和多层板来讲，焊锡在毛细管作用和液体静压力的作用下穿过通孔上升到元器件引脚的周围，这样焊锡就填充了通孔，并流到电路板正面可进行焊接的焊盘上。元器件插入通孔后应将元器件的引脚轻轻弯曲以避免由于浮力的影响使其从通孔中移出，否则在电路板通过波峰时会导致元器件从电路板上漂浮起来。

不同的设备制造商使用各种不同形状的焊锡波，在最简单的波峰焊接装置中，锡波在喷嘴的两侧回落到焊锡槽中，该系统升级后的装置如图3-2-14所示。图中在喷嘴的两侧提供了犁臂延长板以更好地形成锡波的外形，该装置有助于将过多的焊锡拉回，因此降低了桥接形成的可能性。

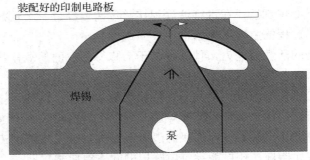

图3-2-14 使用犁臂延长板来控制锡波的形状和接触时间

焊锡波的形状再好也会出现类似阴影等问题，当SMD安装在电路板的背面时常会出现这种现象，因为元器件体本身阻止了焊锡到达SMD后面的部分。

为了克服这一问题，人们开发了双波峰焊接设备，该设备的工作原理简图如图3-2-15所示。该设备由第一个扰流波和第二个平流波组成，扰流波由一个机械装置喷射产生，该机械装置可以驱动熔融的焊锡在元器件之间流动并达到完全的浸润；第二个波相对平滑，它可以在每一个焊接点上控制熔融焊锡形成弯月面，平流波以相对速度几乎为零的速度离开电路板。双波峰焊接设备特别满足了采用表面贴装技术和混合技术的电路板的需要。

图3-2-15 双波峰焊接设备示意图

某些系统在波的末尾还有一个热气刀，它可以将多余的焊锡吹掉并使其回落到焊锡槽中。焊锡波刚刚离开，当焊锡还处于熔融状态时，用气流将焊锡从没有达到浸润的地方移开。另外，使用气刀可以使不浸润的区域更加容易被发现，从而减少检测时间。为了有效地使用气刀，气刀的接触角、气体温度和气体压力是非常重要的参数，需要准确调整。

在空气中加热焊锡焊接电路板存在较多缺陷，常见的是氧化问题。使电路板在氮气环境下进行焊接可有效解决这一问题，但需增加成本。设计良好的"氮气波峰焊炉"，其待焊件的进出口与充气装置等动态部分都已做好隔绝密封的措施，可减少氮气的无谓消耗，此种氮气波峰焊炉波峰焊优点如下：

（1）提升焊接电路板的成品率。

（2）减少助焊剂的用量。

（3）改善焊点的外观及焊点形状。

（4）降低助焊剂残渣的附着性，使之较易被清除。

（5）减少机组维修的概率，增加产出效益。

（6）大量减少锡池表面浮渣的发生，节省焊锡用量，降低处理成本。

3.2.9　剪切引脚

当引线式元器件焊接完毕后，就需要剪切引脚上多余的引线，对于批量焊接的电路板，一般采用电砂轮自动剪切，在剪切时，需注意调整砂轮剪切高度。

3.2.10　焊接后的清洗

当电路板焊接成功后，就需要对其进行清洗，焊接后的清洗是为了去除以下污染物：

（1）助焊剂残留物及其衍生化合物。

（2）裸板制造过程中的电镀残留物。

（3）在处理和存放过程中沾到电路板上的灰尘、油类和油脂等残留物。

对电路板进行清洗，必须达到以下几点目的：

（1）减小腐蚀性。

（2）阻止对相邻导线间电绝缘材料的化学还原作用。

（3）消除印制接头或电镀连接端子的电气接触不良情况。

（4）减少电路板从空气中吸附灰尘的数量。

（5）去除可能被真菌侵袭的物质。

（6）增强电路板表面的美观程度。

超声波清洗方法是电路板清洗中常用的方法，超声波能量可以分解粘接在电路板表面的助焊剂和其他残留物，超声波清洗过程所用的超声波频率通常大于40 kHz，但剧烈的超声波清洗，特别是在谐振频率处的剧烈清洗可能会破坏元器件。

用于回流焊的溶剂与用于手工焊接和波峰焊的熔剂不同，成批焊接时，理想的溶剂应当有如下特点：

（1）能够去除极性和非极性残留物。

（2）不易燃。

（3）没有发生化学反应的趋势。

（4）较小的表面张力。

（5）不影响电路板的属性。

（6）低毒性。

（7）低成本。

（8）环保。

3.3 焊接质量检查

焊接点在确定质量良好可靠而被接受之前需要进行检验和检查，在机器焊接中，为了使焊接生产线处于良好的运行状态，需要对焊接过程进行连续不断的监控以获取所需的反馈信息，这点非常重要，目前常用计算机进行检测。

焊接点的形状通常可以表明焊接点的质量，如果其表面没有浸润焊锡，就不可能是好的焊接点。获得良好的焊接点需要做好如下几步：

（1）使用正确的温度，金属进行焊接时其温度大约要比焊锡的熔点高出 $(30 \sim 35)$ ℃。

（2）清洁并除去金属表面的氧化物。

（3）使用合适的、无污染的焊锡。

（4）使用正确的助焊剂以便去除氧化物，而且在焊接过程中要防止产生新的氧化物。

（5）使被焊接的金属与熔化的焊锡的接触时间尽可能短。

对焊接点的测试除了视觉的检测外，还可以对焊接全过程的相关参数进行监控，对焊接点的全面评估包括许多其他的测试过程，常用的测试有如下几种：

1）机械测试

（1）拉伸测试。

（2）振动测试。

（3）微小区域检测：测量分子间键的厚度，其厚度应为 $(0.5 \sim 1)$ μm。

分子间键的结构由晶体组成，晶体在更高的温度及时间的作用和影响下不断增长，缺少晶体不能提供足够的物理强度，晶体太多会减少黏接强度，因此需要建立适当的分子间键。

2）电气功能测试

（1）阻抗测试：该测试不是很有效，因为有时一个质量很差的焊接点也表现出很低的电阻，其差异有时是不可辨别的。

（2）焦耳测试：通过为一系列的焊接点提供固定的电流而实施，根据其阻抗的不同，焊接点被加热到不同的温度。

（3）X射线检测：它常常与设备生产线相结合，例如自动光学检测（AOI），特别是对于球脚格点阵列封装（BGA）的检测。

3.3.1 回流焊中存在的问题

回流焊焊接表贴元件时，会出现一些焊接缺陷，常见类型如表3-3-1所示。

表3-3-1 回流焊中焊接缺陷的常见类型

故障现象	故障原因	防止措施
焊接桥连	线路分布太密，引脚太近或不规律；板面或引脚上有残留物；预热温度不够或是助焊剂活性不够；锡膏印刷桥连或是偏移等	合理设计焊盘，避免过多采用密集布线；适当提高焊接预热温度，同时可以考虑在一定范围内提高焊接温度以提高焊锡合金流动性；氮气环境中桥连现象有所减少
墓碑效应	墓碑的产生与焊接过程中元件两端受力不均匀有关，组装密集化之后该现象更为突出。 锡膏印刷不均匀；元件贴片不精确；温度不均匀；基板材料的导热系数不同以及热容不同；氮气情况下墓碑现象更为明显；元件与导轨平行排列时更容易出现墓碑现象	提高整个过程中的操作精度，包括印刷精度、贴片精度、温度均匀性；纸基、玻璃环氧树脂基、陶瓷基出现墓碑的概率依次减少；对板面元件分布进行合理设计
引脚浮起	抓取或放置元件时损伤引脚	提高抓取精度，选择合适的吸嘴
焊锡不足	网板厚度过薄；电路板元件封装与实际元件封装不一致；锡膏印刷不足	采用较厚的网板；采用合适封装的元器件；提高刷锡膏饱满度
元件偏移	回流焊接前元件偏移：先观察焊接前基板上组装元件位置是否偏移，如果有这种情况，可检查一下焊膏黏接力是否合乎要求。如果不是焊膏的原因，再检查贴片机贴装精度、位置是否发生了偏移。贴片机贴装精度不够或位置发生了偏移，可能会导致元件偏移	调整贴片机贴装精度和安放位置，更换黏接性强的新焊膏
	回流焊接时元件偏移：虽然焊料的润湿性良好，有足够的自调整效果，但最终发生了元件的偏移，这时要考虑回流焊炉内传送带上是否有震动等影响，对回流焊炉进行检验。如果不是这个原因，则考虑是否是两侧焊区的一侧焊料熔化快，由于熔化时的表面张力发生了元件错位	调整升温曲线和预热时间；消除传送带的震动；更换活性剂；调整焊膏的供给量

故障现象	故障原因	防止措施
气孔	一般由三个曲线错误所引起，常见的有：峰值温度不够；回流时间不够；升温段温度过高，造成没有挥发的助焊剂在锡点内被夹住	这种情况下，为了避免气孔的产生，应在气孔发生的点测量温度曲线，适当调整直到问题解决
PCB扭曲	PCB本身原材料选用不当，特别是纸基PCB，其加工温度过高，会使PCB变弯曲；PCB设计不合理，组件分布不均匀会造成PCB热应力过大，外形较大的连接器和插座也会影响PCB的膨胀和收缩，而出现永久性扭曲；双面PCB，若一面的铜箔保留过大（如地线），而另一面铜箔过少，会造成两面收缩不均匀而出现变形；回流焊中温度过高也会造成PCB扭曲	在价格和空间容许的情况下，选用质量较好的PCB或增加PCB厚度，以取得最佳长宽比；合理设计PCB，双面铜箔面积均衡，在贴片前对PCB进行预热；调整夹具或夹持距离，保证PCB受热膨胀空间；焊接工艺温度尽可能调低；已经出现轻度扭曲时，可以放在定位夹具中，升温复位，以释放应力
锡珠	回流温度曲线设置不当；焊剂未能发挥作用；模板的开孔过大或变形严重；贴片时放置压力过大；焊膏中含有水分，如果从冰箱中取出焊膏，直接开盖使用，因温差较大而产生水汽凝结，在回流焊时，极易引起水分的沸腾飞溅，形成锡珠；印制板清洗不干净，使焊膏残留于印制板表面及通孔中，产生锡珠；焊剂失效，如果贴片至回流焊的时间过长，则因焊膏中焊料粒子的氧化，焊剂变质，活性变低，会导致焊膏不回流，则会产生焊珠	选用工作寿命长一些的焊膏
润湿不良	焊区表面受到污染或粘上阻焊剂，或是被接合物表面生成金属化合物层等。如银的表面有硫化物，锡的表面有氧化物，都会产生润湿不良；焊料中残留的铝、锌、镉等超过0.005%以上时，由于焊剂的吸湿作用使活化程度降低，也可能发生润湿不良	在焊接基板表面和元件表面要做好防污措施；选择合适的焊料，并合理地设定焊接温度与时间

图3-3-1列举了部分常见缺陷电路板实物图，通过该图可以直观地看出电路板回流焊过程中存在的焊接缺陷。

(a) 引脚浮起   (b) 焊锡桥接

(c) 墓碑效应   (d) 元器件偏移

(e) 元器件缺失   (f) 锡渣残留

(g) 焊锡不足   (h) 引脚未剪短

图3-3-1　回流焊过程中部分常见焊接缺陷

3.3.2 波峰焊中存在的问题

大批量波峰焊中免不了会出现一些问题，要仔细追查原因与找出对策，则需要相当专业与有经验的专家才能胜任。表3-3-2将波峰焊常见问题与原因逐一列举出，读者可根据出现的问题，参考该表逐一着手解决，即便生手上路也会有"虽不中亦不远矣"的成绩。

表3-3-2　波峰焊常见问题与原因

问　题	原　因
沾锡不良或不沾锡	焊锡性能不好；板子在夹具上固定不牢或在输送带上移动不正确；输送速度太快；助焊剂遭到污染；助焊剂的活性不足；助焊剂与板子的互动不足；助焊剂涂敷不均匀；焊点热容量不足；板子夹具不正确；助焊剂种类不正确；预热不足；锡池焊料遭到污染；焊接时间太短；绿漆不良或硬化不足
吹孔或孔中未填锡	输送速度太快或太慢；助焊剂的比重太高；助焊剂的比重太低；通孔孔壁出现裂口及破洞，焊接时造成所填锡柱被板材中蒸气吹入或吹歪而成吹孔；孔径对脚径的比值过大；预热不足；锡温太高；锡温太低；焊接时间太短
搭桥短路	焊锡性不好；输送速度太快；助焊剂遭到污染；助焊剂的活性不足；助焊剂与板子的互动不足；助焊剂涂敷不均匀；焊点热容量不足；板面线路布局不良；锡波表面发生氧化；预热不足；锡池焊料遭到污染；锡温太低；焊接时间太短；绿漆不良或硬化不足；锡波的波形或高度不适应
冷焊点	焊锡性能不好；输送速度太快；输送带出现抖动情形；焊点热容量不足；预热不足；锡温太低；焊接时间太短
缩锡	焊锡性能不好；输送速度太快；助焊剂的比重太低；助焊剂不正确；预热不足；锡温太低
焊点昏暗不亮	焊锡中出现浮渣；焊点热容量不足；锡池焊料遭到污染；锡温太低
板面助焊剂过多	输送速度太快；助焊剂的比重太高；助焊剂涂敷不均匀；板面对锡波的浸入深度不正确；板子夹具不正确；预热不足
锡量过多	板子在夹具上固定不牢或在输送带上移动不正确；输送速度太快；锡池发生铜污染或金污染；助焊剂比重太高；锡波的规律性不良；助焊剂涂敷不均匀；板面对锡波的浸入深度不正确；板子夹具不正确；预热不足；锡温太低；锡波的波形或高度不适应
锡池表面浮渣过多	锡波的规律性不良；锡池焊料遭到污染；锡温太高
拖带锡量过多	助焊剂涂敷不均匀；锡池焊料遭到污染；锡温太高
焊点表面砂粒状	输送带出现抖动情形；锡池发生铜污染或金污染；焊锡中出现浮渣；焊点热容量不足；锡池焊料遭到污染；锡温太高；锡温太低；焊接时间太长
锡尖	焊锡性能不好；输送速度太快；输送带出现抖动情形；助焊剂的比重太低；助焊剂遭到污染；助焊剂的活性不足；助焊剂与板子的互动不足；助焊剂涂敷不均匀；通孔孔壁出现裂口及破洞，焊接时造成所填锡柱被板材中蒸气吹入或吹歪而成吹孔；预热不足；锡池焊料遭到污染；锡温太高；锡温太低；焊接时间太短；锡波的波形或高度不适应
通孔中流锡填锡不足	焊锡性能不好；输送速度太快；助焊剂的比重太低；锡波的规律性不良；助焊剂与板子的互动不足；焊点热容量不足；板子夹具不正确；预热不足；锡温太低；焊接时间太短

续表

问　题	原　　因
焊点的锡量不足	输送速度太慢
焊盘浮离	基材板有问题（如树脂硬化不足）；锡温太高；焊接时间太长
焊点缺锡	焊锡性能不好；输送速度太快；锡波的规律性不良；助焊剂的活性不足；助焊剂与板子的互动不足；板面对锡波的浸入深度不正确；板子夹具不正确；预热不足；焊接时间太短；锡波的波形或高度不适应
焊点中有空洞	输送速度太快或太慢；助焊剂的比重太高；助焊剂的比重太低；助焊剂与板子的互动不足；通孔孔壁出现裂口及破洞，焊接时造成所填锡柱被板材中蒸气吹入或吹歪而成吹孔；孔径与脚径的比值过大；预热不足
溅锡	输送带出现抖动情形；助焊剂的比重太高；助焊剂的活性不足；助焊剂与板子的互动不足；板面对锡波的浸入深度不正确；板面线路布局不良；锡温太高；锡温太低；绿漆不良或硬化不足
焊后板面出现不良锡球	助焊剂的比重太高；锡波的规律性不良；助焊剂遭到污染；通孔孔壁出现裂口及破洞，焊接时造成所填锡柱被板材中蒸气吹入或吹歪而成吹孔；基材板有问题（如树脂硬化不足）；预热不足；绿漆不良或硬化不足
焊点中或锡柱出现空间	板子在夹具上固定不牢或在输送带上移动不正确；输送速度太快；助焊剂的比重太低；助焊剂与板子的互动不足；助焊剂涂敷不均匀；通孔孔壁出现裂口及破洞，焊接时造成所填锡柱被板材中蒸气吹入或吹歪而成吹孔；预热不足；锡温太低
锡网	焊锡中出现浮渣；助焊剂遭到污染；助焊剂与板子的互动不足；助焊剂涂敷不均匀；助焊剂不正确；基材板有问题（如树脂硬化不足）；绿漆不良或硬化不足
白色残渣	助焊剂不正确；绿漆不良或硬化不足

建议：读者如需解决波峰焊中存在的问题，需仔细阅读上表，表中列举的问题与原因相当务实，从业者也可加以利用。

3.3.3　检修

检查电路板中的焊接缺陷，并对其进行维修，基本步骤如下：

（1）检查电路板的焊接缺陷，并对其位置进行标记，常见检查顺序如下：

① 检查是否有缺件。

② 检查是否有墓碑效应。

③ 检查是否有连焊、引脚浮起、元件偏移情况。

④ 检查引线式元件引脚是否被波峰焊的波峰抬得过高。

⑤ 如为手工插装引线式元件，检查元件是否插反或插错位置。

⑥ 检查引脚是否剪切合适，有无弯曲。

⑦ 检查功率元件的散热器是否固定可靠，螺丝是否拧紧。

（2）维修电路板，电路板焊接后的检修过程相对于电路板故障后的维修简单得多，电路板故障后的维修需找出故障点，相对较难，而电路板焊接后的检修中的缺陷容易发现，且根据实际缺陷相对应地重新焊接即可。

习　题

3-1　简述机器焊接电路板的整个流程。

3-2　在焊接前什么情况下需要烘干电路板？不同材质的基板烘干时需要注意什么？

3-3　点胶机的用途是什么？是不是所有机器焊接的电路板都需要点胶这个步骤？

3-4　贴片机一般按什么划分档次？在选择贴片机时需要考虑哪些指标？

3-5　回流焊的用途是什么？在选择回流焊机时需要考虑哪些指标？

3-6　为什么一般小型焊接企业没有插接机？插接设备应用的难点有哪些？

3-7　波峰焊设备的用途是什么？怎样防止有害气体产生？

3-8　简述刷锡膏的步骤。为了使贴片元件焊锡量饱满，需注意哪些问题？

3-9　点胶后焊接的元器件该怎样拆卸？

3-10　怎样保证高密度引脚的元器件在贴片时快速对准？

3-11　怎样保证有极性的元器件贴片时，极性放置正确？PCB元件封装设计时，怎样零度放置元件？

3-12　回流焊时，怎样调整温度变化曲线？什么状态下的焊接温度曲线最优？

3-13　在多人流水线手工插接引线式元器件时，各个工位的元器件种类该怎样划分？

3-14　自动插接时，怎样保证插接的效果？

3-15　简述波峰焊的焊接过程，怎样保证波峰焊后元器件引脚多余部分尽量少挂锡？

3-16　怎样检查电路板的焊接质量？

3-17　对于电路板回流焊焊接过程中出现的问题该怎样处理？怎样尽量减小后续焊接中同类问题出现的概率？

3-18　对于电路板波峰焊焊接过程中出现的问题该怎样处理？

第4章　电路板的连接

　　焊接调试好的电路板，还需要安装外壳，组装成成品设备，这就涉及电路板的固定问题、对外接口问题、导线连接问题。电路板的固定有多种方法，要根据实际需要和电路板的特点而定。对外接口的连接方式常见的有两种，一种是将外壳与电路板对应，使焊接在电路板上的连接器直接与外壳无缝连接，常见的有手机上的耳机插孔、USB接口、U盘、移动硬盘的USB接口等，这种连接方式的优点是可缩小电子设备的体积；另一种是将电路板上的接口通过导线连接到外壳的接口上，常见的有台式计算机的前置音频输出口、电视机的前置音视频输入口等，这种连接方式的优点是电路板和外壳可灵活设计。导线连接可分为两种类型，一类是电子系统的内部多块电路板的互联，另一类是电子系统之间相互有线通信的互联。这些都是本章要讲解的内容。

4.1　导线的加工

4.1.1　绝缘导线的加工

　　加工导线是焊接过程中非常重要的一环，导线制作的好坏，决定了信号传输的可靠性。绝缘导线加工可分为裁剪、剥头、捻头（多股导线）、浸锡、清洁、打印标记等工序。

1. 裁剪

　　导线裁剪前，用手或工具轻捷地拉伸，使之尽量平直，然后用尺和剪刀将导线裁剪成所需尺寸。裁剪的导线长度允许有5%～10%的正误差（即可略长一些），不允许出现负误差。用作同一接插头的多根导线裁剪长度需一致。

2. 剥头

　　导线端头绝缘层的剥离方法有两种：一种是刃截法，另一种是热截法。刃截法设备简单但容易损伤导线；热截法需要一把热剥皮器（或用电烙铁代替，并将烙铁头加工成宽凿形），优点是剥头好，不会损伤导线，缺点是需熔化导线绝缘外层，处理不好会发出刺激性气味。

1）刃截法

　　刃截法即用刀刃剥除导线头的外皮，常用工具有美工刀、剪刀和剥线钳等。

　　采用美工刀或剪刀剥头时，先在规定长度的剥头处切割一个圆形线口，然后切深，注意不要割透绝缘层而损伤导线，接着在切口背面再按照上述方法再切一个切口，用手拧转切头处的导线外皮或在切口处多次弯曲导线，靠拧转时的扭转力或弯曲时的张力撕破残余的绝缘层，最后轻轻地拉下绝缘层，如图4-1-1所示。

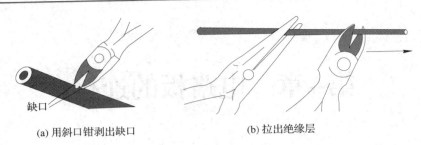

(a) 用斜口钳剥出缺口　　　　　　(b) 拉出绝缘层

图4-1-1　斜口钳剥线过程

采用剥线钳剥头时，需根据导线线芯的直径选择剥线钳的钳口，剥线钳的钳口直径通常为(0.3 ～ 2) mm。剥线时，将钳口夹住规定剥头长度的导线处，压紧剥线钳，刀刃切入绝缘层内，将剥线钳向导线头外侧使力拽出，拉出剥下的绝缘层，如图4-1-2所示。

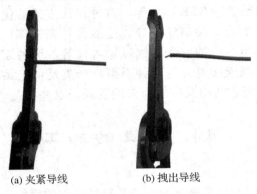

(a) 夹紧导线　　　　　　(b) 拽出导线

图4-1-2　剥线钳剥线过程

提示：一定要使刀刃口与被剥的导线相适应，否则会出现损伤芯线或拉不断绝缘层的现象。在剥除绝缘皮时，如芯线为多股细丝组成，则在剥离时，被剥芯线与最大允许损伤股数的关系如表4-1-1所示。

表4-1-1　剥头芯线与最大允许损伤股数的关系　　　　　　　　　　股

芯线股数	允许损伤的芯线股数	芯线股数	允许损伤的芯线股数
<7	0	26～36	4
7～15	1	37～40	5
16～18	2	>40	6
19～25	3		

2）热截法

热截法通常使用的热控剥皮器剥头外形如图4-1-3所示。使用时，在深度标尺上设定被剥绝缘层的长度。然后，在控制面板上设定加热温度和时间，使其既可熔化绝缘层又不致燃烧。插入导线，关闭啮合口，启动定时器，当绝缘层开始熔化时，将手控器旋转180°，以便使绝缘层四周熔化，打开啮合口。检查导线，保证绝缘层四周已全部熔到。用手指捏紧绝缘层，将其拉出。再用斜口钳修剪导线上粗糙的绝缘层。最后，检查被剥皮的导线，保证导线没有被损伤，绝缘层也没有被烧过。

3．捻头

多股导线剥去绝缘层后，要捻头以防止芯线松散，降低焊接难度。捻头时要顺着原来的合股方向捻紧，不得松散。捻线时用力不宜过猛，否则易将细线捻断。捻头后的芯线，其螺旋角一般在30º～45º，多股导线捻头如图4-1-4所示。

图4-1-3　热控剥皮器剥头　　　　图4-1-4　多股导线捻头

注意：捻头时，应顺着线头的方向捻，且扭矩不可过大，防止过度捻紧，导致线丝断裂。部分导线线丝硬度较大，要小心谨慎防止刺入手指。

4．浸锡

浸锡亦常称为挂锡或上锡。将捻好的导线端头浸锡的目的在于防止氧化，以提高焊接质量。浸锡有锡锅浸锡和电烙铁上锡两种方法。

（1）采用锡锅浸锡时，锡锅通电使锅中焊料熔化，将捻好头的导线蘸上助焊剂，然后将导线垂直插入锡锅中，使浸渍层与绝缘层之间留有(1～2) mm的间隙，如图4-1-5所示。待润湿后取出，浸锡时间为(1～3) s。浸锡时应注意：

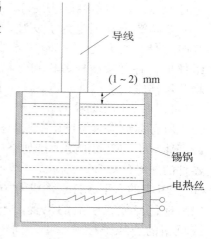

图4-1-5　导线端头浸锡

① 浸渍时间不能太长，以免导线绝缘层受热后收缩。

② 浸渍层与绝缘层之间必须留有间隙，否则绝缘层会过热收缩甚至破裂。

③ 应随时清除锡锅中的锡渣，以确保浸渍层光洁。

④ 如一次不成功，可稍停留一会儿再次浸渍，切不可不间断连续浸渍。

（2）采用电烙铁上锡，应待电烙铁加热至可熔化焊锡时，在烙铁上蘸满焊料，将导线端头放在一块松香上，烙铁头压在导线端头，左手慢慢地转动并往后拉，当导线端头脱离烙铁后导线端头就已上好了锡，如图4-1-6所示。上锡时应该注意：松香要用新的，否则端头会很脏；烙铁头不要烫伤导线绝缘层。

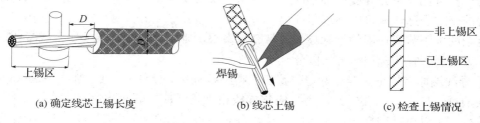

(a) 确定线芯上锡长度　　　　(b) 线芯上锡　　　　(c) 检查上锡情况

图4-1-6　烙铁头导线端头上锡

提示： 加热量和上锡量过大可能导致焊锡因毛细作用而进入绝缘层并将绝缘层融化或烫变形。助焊剂也不应流到绝缘层下，因为绝缘层下的助焊剂很难清除，而且易引起线芯腐蚀。

5. 清洁

浸好锡的导线端头有时会留有焊料或焊剂的残渣，应及时清除，否则会给焊接带来不良后果。清洗液可选用无水酒精。不允许用机械方法刮擦，以免损伤芯线。

6. 打印标记

连接导线时，同一插头的连接器中需要使用不同颜色的导线加以区分，最好以读电阻器色环颜色的顺序进行排列，即连接器1引脚用棕色，2引脚用红色、3引脚用橙色等。颜色区分是一种常见的区分方法，但在一些场合无法应用，如在网络交换机中，都是同一种颜色的网线，为了区分网线连接不同的房间号，需在网线上打印标记，如图4-1-7所示。

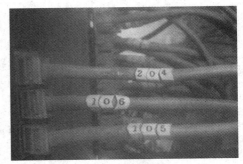

图4-1-7 打印标记的网线

打印端子标记是为了安装、焊接、检修和维修时方便。标记通常打印在导线端子、元器件、组件板、各种接线板、机箱分箱的面板上以及机箱分箱插座、接线柱附近。

1）端子标记的要求

所有标记都应与设计图纸的标记一致，符合电气文字符号国家标准。标记文字的书写应字体端正，笔画清楚，排列整齐，间隔匀称。在小型元器件上加注标记时，可只标记元器件的序号。如R6只标出"6"即可。当"6"与"9"不易分清时（上看、下看不易确认），可在"6""9"字的右下方打点，成为"6.""9."，以示读数方向。

标记应放在明显的位置，不被其他导线和器件所遮盖。标记的读数方向要与机座或机箱的边线平行或垂直，同一个面的标记，读数方向要统一。标记一般不要打印在元器件上，因为会给元器件更换带来麻烦。在保证不更换的元器件上，打印标记是允许的。

目前，在一般产品的印制电路板上，都将元器件电路符号和文字符号打印在印制电路板的背面，元器件的引线标记对准焊盘，这给安装和修理带来许多方便。

2）绝缘导线的标记

简单的电子制作所用的元器件不多，所用的导线也少，市场上导线的颜色大约有十几种，同一种颜色又可凭导线粗细不同区分开来，仅凭塑料绝缘导线的颜色和粗细就能分清连接线的来龙去脉，就可以不打印标记。

复杂的电子装置使用的绝缘导线通常有很多根，则需要在导线两端印上线号或色环标记，或采用套管打印标记等方法区分。

① 导线端印字标记。导线标记位置应在离绝缘端(8～15) mm处，如图4-1-8（a）所示。印字要清楚，印字方向要一致，字号应与导线粗细相适应。若机内跨接导线不在线孔内，数量较少，可以不打印标记。短导线数量较多时，可以只在其一端打印标记。深色导线可用白色油墨，浅色导线可用黑色油墨，以使字迹清晰可辨。

② 导线色环标记。导线的色环位置应根据导线的粗细，从距导线绝缘端(10 ~ 20) mm 处开始，色环宽度为2 mm，色环间距为2 mm，如图4-1-8（b)所示。

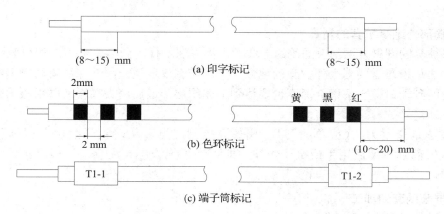

(a) 印字标记

(b) 色环标记

(c) 端子筒标记

图4-1-8 绝缘导线的标记

各色环的宽度、距离、色度要均匀一致。导线色环可与电阻器上的色环一样，用颜色表示数字，通过数字读出该线的序号，这样就需要准备多种颜料，比较麻烦。故导线色环也可不代表数字，而仅仅是作为区别不同导线的一种标志。色环读法是从线端开始向后顺序读出的。用少数颜色排列组合可构成多种色环。如使用三种颜色可以组成39种色环，对一般小线扎来说已经够用了。如果导线超过39根，可用四色组合排列，亦可多用几种颜色而少用几种组合。

染色环所用的设备为染色环机、眉笔和台架（供染色后自然干燥用的简单设备），所用颜色由各色盐基性染料加聚氯乙烯10%、二氯乙烷90%配制而成。

③ 端子筒标记。在元器件较多，接线很多，而且机壳较大时，如机柜、控制台等，为便于识别接线端子，通常采用端子筒。端子筒亦叫"标记筒""筒子"，有的干脆就叫"端子"。常用方法是将塑料管剪成(8~15) mm长的筒子，在筒子上印标记及序号，然后套在绝缘导线的端子上，如图4-1-8（c）所示。产品数量不多的情况下，端子筒上的文字与序号（合称为"标记"）可用写字笔手写，把写好的标记放在烈日下曝晒(1~2) 小时，或放在烘箱中烘烤0.5小时左右（烘烤温度(60~80) ℃），这样，冷却后油墨就不易被擦去了。

3）手工打印标记

在绝缘导线或端子筒上，也可手工打印标记。手工打印标记一般用有弹性的字符印章，如橡皮印章、塑料印章、明胶印章等。打印标记前应先去掉需打印标记位置上的灰尘和油污，然后将少量油墨放在油墨板上，用小油滚将油墨滚成均匀薄层，把字符印章蘸上油墨。打印时，印章要对准打印位置，先向外稍倾斜，再向里侧稍倾斜压下。操作时可先在不需要的绝缘电线或端子筒上试一试，如果标记印得模糊，可以立即用干净布料（或蘸少许汽油)擦掉，再重新打印。

4.1.2 屏蔽导线的加工

屏蔽导线是一种在绝缘导线外面套上一层铜编织套的特殊导线，其端头加工过程分为以下几个步骤。

1. 导线的裁剪

用尺和剪刀(或斜口钳)剪下规定尺寸的屏蔽线,只允许5%~10%的正误差,不允许有负误差。

2. 端部外绝缘护套的剥离

绝缘护套的剥离方法与普通绝缘导线的剥离方法一样,同样有热截法和刃截法。

热截法是指在需要剥去外护套的地方,用热控剥皮器烫一圈,深度直达铜编织层,再顺着断裂圈到端口烫一条槽,深度也要达到铜编织层。最后用尖嘴钳或医用镊子夹持外护套,撕下外绝缘护套。

刃截法是指用刀刃(或单面刀片)代替温控剥皮器,从端头开始用刀刃划开外绝缘层,再从根部划一圈后用手或镊子钳住,即可剥离绝缘层。注意,刀刃要斜切,不要伤及屏蔽层。

3. 屏蔽网套的加工

1)较细、较软屏蔽网套的加工

左手拿住屏蔽线的外绝缘层,用右手指向左推编织线,使之成为图4-1-9(a)所示的形状。

用针或镊子在铜编织套上拨开一个孔,弯曲屏蔽层,从孔中取出芯线,如图4-1-9(b)所示,用手指捏住已抽出芯线的铜屏蔽编织套向端部捋一下,根据要求剪取适当的长度后,端部拧紧。

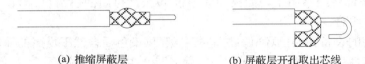

(a) 推缩屏蔽层   (b) 屏蔽层开孔取出芯线

图4-1-9　细、软屏蔽网套的加工

2)较粗、较硬屏蔽网套的加工

先剪去适当长度的屏蔽层,在屏蔽层下面缠黄蜡绸布(2~3)层(或用适当直径的玻璃纤维套管),再用直径为(0.5~0.8) mm的镀银铜线紧绕在屏蔽层端头,宽度为(2~6) mm,然后用电烙铁将绕好的铜线焊在一起后,空绕一圈,并留出一定的长度,最后套上收缩套管。

注意:焊接时间不宜过长,否则易将绝缘层烫坏。

3)屏蔽层不接地时端头的加工

将编织套推成球状后用剪刀剪去,仔细修剪干净即可,如图4-1-10(a)所示。若是要求较高的场合,则在剪去编织套后,将剩余的编织套翻套过来,如图4-1-10(b)所示,再套上有收缩性的绝缘套管,如图4-1-10(c)所示。

(a) 剪去编织套   (b) 编织套翻套   (c) 套上套管

图4-1-10　屏蔽层不接地时端头的加工

4. 绑扎护套端头

若电缆线(或屏蔽电缆线)有多根芯线,其端口必须绑扎。

（1）棉织线套端部极易散开，绑扎时，从护套端口沿电缆放一条长约(15～20) cm的石蜡棉线，左手拿住电缆线，拇指压住棉线头，右手拿起棉线从电缆线端口往里紧绕(2～3)圈，压住棉线头，然后将起头的一段棉线折过来，继续紧绕棉线。当绕线宽度达到(4～8) mm时，将棉线端穿进环中绕紧，如图4-1-11所示。此时左手压线层，右手抽紧线头。拉紧绑线后，剪去多余的棉线，涂上清漆。

（2）在防波套与绝缘芯线之间垫上(2～3)层黄蜡绸带，再用直径为(0.5～0.8) mm镀银线密绕(6～10)圈，并用烙铁焊接(环绕焊接)，如图4-1-12所示。

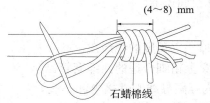

图4-1-11　棉织线套电缆端头的绑扎

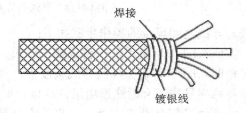

图4-1-12　防波套外套电缆端头的加工

5. 芯线加工

屏蔽导线的芯线加工过程基本同绝缘导线的加工方法一样，但要注意屏蔽线的芯线大多是用很细的铜丝做成的，切忌用刃截法剥头，而应采用热截法，并且捻头时不要用力过猛。

6. 浸锡

屏蔽导线浸锡操作过程同绝缘导线浸锡相同。在浸锡时，要用尖嘴钳夹持离端头(5～10) mm的地方，防止焊锡透渗的距离过长而形成硬结。屏蔽导线端头浸锡如图4-1-13（a)所示，加工好的屏蔽线如图4-1-13（b)所示。

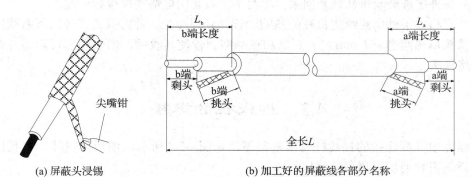

(a) 屏蔽头浸锡　　　　　　(b) 加工好的屏蔽线各部分名称

图4-1-13　屏蔽头浸锡

4.1.3　导线与导线之间的焊接

当导线因所需长度改变或不同种类导线需要直接互连时，就需要将两根导线直接焊接组成一根导线。导线之间的焊接以绕焊为主，如图4-1-14所示。两根导线在连接时，建议使用同种颜色，以免因为焊接后的电缆两头的颜色不一样，导致看错线色而造成人为差错。

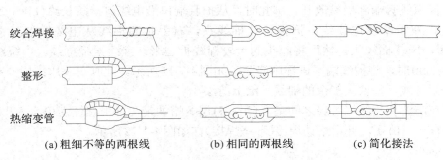

绞合焊接

整形

热缩变管

(a) 粗细不等的两根线   (b) 相同的两根线   (c) 简化接法

图4-1-14 导线与导线之间的焊接

导线与导线之间焊接的操作步骤如下：

（1）按照4.1.1节所讲方法，将导线按要求去掉一定长度的绝缘皮。

（2）按照4.1.1节所讲方法给导线头浸锡，并穿上粗细合适的热缩套管。

（3）将两根导线绞合后通过电烙铁焊接，如为屏蔽导线则焊接内部芯线。

（4）将热缩套管移到焊接处，并将其完全覆盖，烙铁头在离热缩套管1 mm左右距离加热热缩套管使其收缩，当热缩套管紧缩在焊接处后移走烙铁头。

若导线为屏蔽导线，则导线与导线之间的焊接操作步骤如下：

（1）按照4.1.2节所讲方法，将屏蔽导线按要求去掉一定长度的外层绝缘皮，将屏蔽网套翻套在未剥除的绝缘皮上，再按要求剥除芯线的绝缘皮。

（2）按照4.1.2节所讲方法给导线头浸锡，并套上两种粗细合适的热缩套管，一种略大于外层绝缘皮的直径，一种略大于内层绝缘皮的直径。

（3）将两根芯线绞合后通过电烙铁焊接。

（4）将略大于内层绝缘皮直径的热缩套管移到焊接处，并将其完全覆盖，烙铁头离热缩套管1 mm左右距离加热热缩套管使其收缩，当热缩套管紧缩在焊接处后移走烙铁头。

（5）将外层屏蔽套重新翻套回来，将两个屏蔽套用电烙铁焊接到一起。

（6）将略大于外层绝缘皮直径的热缩套管移到焊接处，并将裸露在外的屏蔽线完全覆盖，烙铁头离热缩套管1 mm左右距离加热热缩套管使其收缩，当热缩套管紧缩在焊接处后移走烙铁头。

4.2　接线柱的焊接

元器件中导线连接的接线柱有多种类型，如图4-2-1所示，槽形接线柱、穿孔接线柱和PCB针为三种通用焊接型接线柱。

(a) 槽形接线柱   (b) 穿孔接线柱   (c) PCB针

图4-2-1 常用焊接型接线柱

导线与接线柱之间的焊接有三种基本形式：绕焊、钩焊和搭焊，如图4-2-2所示。

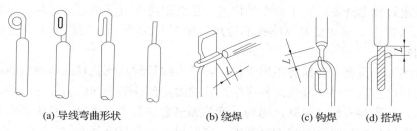

(a) 导线弯曲形状　　　　(b) 绕焊　　　　(c) 钩焊　　(d) 搭焊

图4-2-2　导线与接线柱之间的焊接形式和形状图

（1）绕焊是指把已经浸锡的导线头在接线柱上缠一圈，用钳子拉紧缠牢后再进行焊接。注意导线一定要紧贴接线柱表面，并使绝缘层不接触接线柱，一般以 L 为(1～3) mm为宜。这种连接可靠性最好。

（2）钩焊是指将导线头弯成钩形，钩在接线柱的孔内，用钳子夹紧后施焊。这种焊接方法强度低于绕焊，但操作比较简便。

（3）搭焊是指把经过浸锡的导线搭到接线柱上施焊。这种焊接方法最方便，但强度可靠性最差，仅用于临时焊接的情况或不便于缠、钩的地方。

4.2.1　槽形接线柱

槽形接线柱主要用于D型连接器和航空连接器的插头和插座接线，如图4-2-3所示。槽形接线柱的焊接步骤如下：

（1）按照导线的加工要求，将导线剥皮、浸锡。浸锡时不可使导线线径变得比原线径过粗，防止无法放入槽形接线柱内。

（2）将导线置于槽形接线柱内，使其接触到孔的底部。如果线芯裸露在接线柱外部过长，需修剪，使导线的绝缘层与槽孔顶部保持大约一个线芯直径的间隙，如图4-2-4所示。

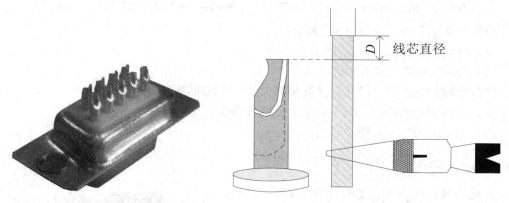

图4-2-3　常见槽形接线柱的连接器　　　　图4-2-4　导线裸露线芯的修剪长度

（3）将烙铁靠在接线柱后背上，再向槽内加焊锡。考虑到引线的原因，槽内焊锡仅能加到一半的位置。同时需考虑烙铁头位置和加热时间，防止过度加热使接线柱的塑料外壳损伤变形。

（4）确定好线芯准备放置于槽中的位置，把烙铁再次置于槽孔的背后，等焊锡熔化便可将线芯插入槽内，导线要紧靠槽孔的背后，如图4-2-5所示。同样需考虑烙铁头位置和加热时间的问题。

（5）继续加热直至所有松香溢出表面，再将导线暂时从槽孔背后向前倾斜以清除气泡和存留的松香，然后将导线复位。如果接线柱的固定部件是普通塑料底座，则该步骤的时间一定要短，或直接省略此步骤，因为过度的加热会损伤塑料底座，且焊锡中的松香量比较少，在焊锡融化焊接时几乎已完全挥发，同时槽中存在气泡现象的情况较少。如果接线柱的固定部件是陶瓷底座或耐高温塑料底座(军品元件中常用)，则可增加该步骤，无需考虑焊接时间过长会损伤塑料底座的问题。

（6）移开烙铁，让焊点冷却。焊点冷却时，一定不要移动导线和接线柱。

（7）用异丙醇和天然鬃刷清除焊点上的污染物。

（8）检查导线接头，合格焊接头如图4-2-6所示。

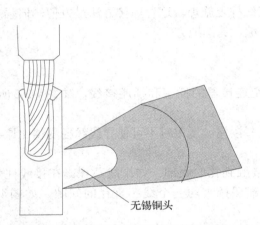 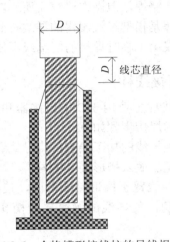

线芯直径

图4-2-5　槽形接线柱芯线焊接示意图　　图4-2-6　合格槽形接线柱的导线焊接头

合格的焊接点应具有以下5点特征：

（1）导线位于孔底。

（2）每股导线均在槽孔内。

（3）导线的绝缘层与槽孔顶部要保持大约一个线芯直径的间隙。

（4）焊锡加在槽孔内，但不能溢到孔的外表面。

（5）无残留的气泡和松香。

4.2.2　穿孔接线柱

穿孔接线柱在电子元器件中得到广泛的应用，例如电位计、开关及接地片等。常见穿孔接线柱型的元器件如图4-2-7所示。

穿孔接线柱连接步骤：

（1）将多芯导线剥去(12～18) mm绝缘层并上锡。

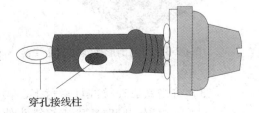

穿孔接线柱

图4-2-7　常见穿孔接线柱型的元器件

（2）将线芯置于穿孔接线柱上并保持绝缘层与接线柱之间的距离约为一个线芯直径。

（3）将尖嘴钳夹在线芯要弯曲处。

（4）移开线芯并将其正确弯曲（称为引脚成形）。

（5）将线芯插入接线柱并用斜口钳修整导线。

（6）焊接导线。在焊接时需注意以下几点。

① 由于接线柱比引线大，因此要保证铜头与接线柱接触处的热桥能将接线柱彻底加热。

② 铜头应该置于接线柱顶端或下侧。

③ 焊锡加在裸线上，而不是烙铁铜头上。

（7）检查焊点。

① 焊锡表面应能形成良好的润湿，形成的焊接带既要连接线芯又要连接接线柱。

② 焊锡量要足量并以看清导线的外形为适度。

③ 连接孔不必用焊锡填满。

（8）用异丙醇和天然鬃刷清除焊点上的所有污染物。

4.2.3　焊接PCB针

PCB针是将导线与PCB板相连接的一种常用接线柱。

连接步骤如下：

（1）将导线剥去(12 ～ 18) mm绝缘层并上锡。

（2）线芯与接线柱交叉，并使导线绝缘层与接线柱之间的距离约为一个线芯直径。

（3）用尖嘴钳将线芯绕接线柱270º，如图4-2-8所示。

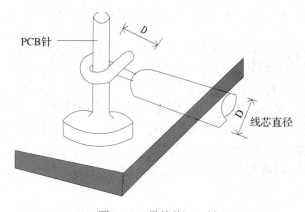

图4-2-8　导线绕PCB针

（4）焊接连接端。

① 将烙铁在与导线绝缘层相对的方向上靠近PCB针。

② 在铜头与针的接触处形成热桥。

③ 在与针相对一面的导线上加焊锡，这可保证工件能加热到足以熔化焊锡。

④ 所加焊锡刚好足够形成既要连接线芯又要连接针脚的焊接带，并不让焊锡顺着针脚流下或在基座上形成锡滩。

（5）用异丙醇和天然鬃刷清除焊点上的所有污染物。

4.2.4 铸塑元件的锡焊技巧

许多有机材料，例如有机玻璃、聚氯乙烯、聚乙烯和酚醛树脂等材料，现在被广泛用于电子元器件的制造，例如各种开关和插接件等。这些元件都是采用热铸塑的方式制成的，它们最大的弱点就是不能承受高温。当需要对铸塑材料中的导体接点施焊时，如果控制不好加热时间，极容易造成塑件变形，导致元件失效或降低元件性能，如图4-2-9所示是一个开关因为焊接技术不当而造成失效的例子。

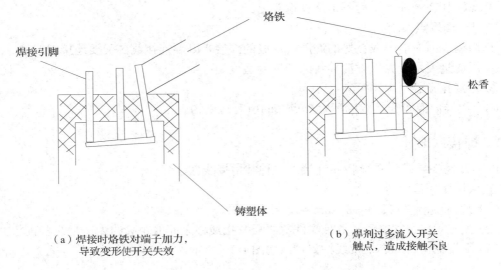

（a）焊接时烙铁对端子加力，
导致变形使开关失效

（b）焊剂过多流入开关
触点，造成接触不良

图4-2-9　因焊接不当造成铸塑开关失效

对铸塑元件焊接时要掌握的技巧是：

① 当铸塑元器件与导线焊接时，需先处理好焊接点，保证一次上锡成功，不能反复上锡，上锡量要适中，不可过多或过少。

② 使用尖头烙铁，保证焊接一个点时不碰到相邻的焊接点。

③ 能不用助焊剂则不用，如果有需要，助焊剂量要少，焊接时防止助焊剂浸入电接触点。

④ 焊接时不要对接线片施加压力。

⑤ 焊接时间在保证润湿的情况下越短越好。

4.3　布线与扎线

4.3.1 整机的线缆走线

电缆的颜色要符合业界的成文和不成文的规矩，如电源正极一般用红色，电源负极一般用黑色等。如果乱配线缆的颜色，会给机器的使用和维护造成极大的麻烦，甚至有可能造成一些人为的故障。

如果电缆的各个芯线有顺序编号，一般第一号芯线要有明显标识，如IDE硬盘的扁平电缆，其第一号就有明显标识。

电缆要按规定的极性和标识连接，经常犯的错误是将电灯或一般电器插头、插座里面的火线和零线随意乱接，比如一些日光灯关闭后，在非常暗的环境中，还会看到有一点微弱的光线，这种情况通常就是火线和零线乱接，开关虽是断开了零线，而火线依然连接着所致。这种情况虽然不影响使用，可是要是有人去换灯管就可能会发生危险。还有一种常见的情况就是在AV立体声设备中，L-R声道的电缆如果不按照规定的颜色和标识连接，会导致声音左右颠倒，例如飞机从电视屏幕的左边飞往右边还原出来的声音却是感觉飞机从右边飞向左边。

同样的信号回路，千万不要混用特性阻抗不同的电缆（使用特殊的阻抗匹配电路除外）。

在对同轴电缆和双绞线差分传输时，在电缆的终端节点一般要使用与电缆特性阻抗相同的端结器或者阻抗匹配电阻。端结电阻通过吸收信号能量来防止信号的反射。在视频电路中，这一个电阻就能有效防止重影现象。

在打开双绞电缆对安装连接器时或在配线架做连接时，分开的非双绞的部分越短越好。

电缆转弯时不要小半径硬弯或打结，电缆的转弯半径应大一些。

在安装过程中，不要践踏电缆或过紧地捆绑电缆线。

强干扰线和信号线要隔开一定的距离，强干扰线包括电源线、CPU的I/O线、CPU的总线、电动机和电铃的引线等，这些信号线可能会产生频谱很宽的噪声信号，很容易辐射到附近的电缆。还有一些幅度很大的信号，比如HI-FI系统从音频功率放大器出来的音箱线，由于其电流和电压巨大，即使有很少的百分比辐射到小信号的电缆上，也会造成不小的干扰。实际经验表明，这两类的线材的信号走线最好互相垂直，其影响就能做到最小。实在要平行走线，也要尽量拉开距离。

如果机器里面有很多平行的电缆，可以用尼龙线卡把它们扎起来。这样，一根一根的电缆不仅不容易折断，而且也美观了不少。

4.3.2　导线排布时应注意的问题

导线排布时应注意以下问题：

（1）导线或导线束不得紧贴金属物体敷设。如果确实需要穿过机柜或金属安装板的过孔，必须套上橡皮圈或塑料绝缘圈，防止在运输、使用、试验及维修过程中造成导线磨损而产生短路。

（2）设备中的连接线应考虑走线为最短，而且要使装配、查线和维修都非常方便。布线要整齐美观，横平竖直，折弯处成直角，层次分明。要防止来回重复拉线和连线的情况。一次回路和二次回路应尽量分在两边走线，以减少相互影响。若采用捆扎的导线束，对截面积为 $1.5~\text{mm}^2$ 的导线，每束不要超过30根。在单相和三相交流电路中，导线应绞合起来，再扎到线束中。对于高频电路，走线尽量要短，一般不要采取捆扎形式。

（3）在同一电路中，平行导线不得扭绞、交叉，并应当捆扎在一起。当非屏蔽导线与屏蔽导线捆扎在一起时，屏蔽线应放在下面。

（4）导线或线束应当尽量远离发热量较大元件(如变压器、电感器等)。如无法避免，应加保护措施，如捆扎玻璃布带或聚四氟乙烯带等，防止导线绝缘层因烘烤变质而产生短路和击穿的现象。

（5）连接发热元件（如大功率晶体管、散热器上的元器件、管形或矩形电阻器等）上的导线时，要考虑到发热元件对导线绝缘的影响，并采取相应措施，如规定要在发热元件下方30 mm（或以上）才允许走线（具体尺寸视发热情况定）。表4-3-1列出了发热元件与导线之间应保持距离的参考数据。

表4-3-1　元件间距及导线剥去绝缘的长度

发热元件		元器件与发热元件之间需保持的距离/mm				选用BV、BVR导线时，应剥去的绝缘长度/mm
		上方		侧方	下方	
		元件允许60℃时	元件允许50℃时			
管形电阻发热功率为额定功率的百分比例	7.5 W ≤10%	10	10	10	10	10
	7.5 W ≤30%	20	20	10	10	
	7.5 W ≤50%	30	40	10	10	20
	15 W ≤10%	10	10	10	10	10
	15 W ≤30%	20	80	10	10	
	15 W ≤50%	30	100	10	10	20
	25 W ≤10%	10	10	10	10	20
	25 W ≤30%	50	100	10	10	
	25 W ≤50%	100	200	20	20	40
	50 W ≤10%	10	80	10	10	20
	50 W ≤30%	50	100	10	10	
	50 W ≤50%	100	200	20	20	40
	100 W ≤10%	10	80	10	10	20
	100 W ≤30%	50	200	20	20	
	100 W ≤50%	100	300	30	30	40
	150 W ≤10%	10	80	10	10	20
	150 W ≤30%	80	200	20	20	
	150 W ≤50%	150	300	30	30	40
	200 W ≤10%	10	100	10	10	20
	200 W ≤30%	80	300	20	20	
	200 W ≤50%	150	400	30	30	40

（6）熔断器、空气开关及组合开关的走线均应上进下出，不得接反。必须注意数显表电源线与信号线不得接反。不在印刷板上的元器件的焊点必须套黄蜡套管或热缩套管。铜排之间不允许横穿线。

（7）交、直流线，高、低压线，动力电源线与信号线应相互分开，并保持一定距离。切忌混装、混扎，防止造成相互干扰、击穿或短路问题的出现。

（8）各种控制线、信号线，能进走线槽的，尽量安装在纵、横的走线槽中，槽内束线必须理顺，增加美观和方便维修。若因电路需要，在机柜同侧装两排走线槽或端子排时，它们之间的距离应大于150 mm。

（9）对于不进入走线槽中的电缆或母线，需配有相应的应力支撑。另外，在走线中，每隔一定距离要有一定的捆扎，保证线缆走线挺括。

（10）接至各接头上的连接导线（一般指2.5 mm² 及以上的导线）的端部，要经过铜接头牢靠压接后再接在端头上。在每根导线的中间不得有插焊或焊接有过渡导线的接头。

（11）凡经过压、焊铜接头或焊片的导线，在其压、焊处需套上黑色热缩套管，$\Phi6$ 以下套管的长度为15 mm，$\Phi6$ 以上的粗套管长度一般为30 mm左右。但同一排接线端子所用的套管必须一致，并用电吹风将热缩套紧缩在铜接头或焊片上。

注意：套管不能套到安装孔位部分，避免安装时接触不良。

（12）通常在一个连接端子上只能连接一根导线（特殊情况允许两根，但必须连接牢靠）。当一个端子需要连接两根以上的导线时，应采取相应措施确保它们牢靠，接触良好。

（13）接头的选择要正确。小接头用压线钳压紧，搪锡，套热缩套管，不允许有松动。大接头用油压钳或冲床压牢，搪锡，再套热缩套管。

（14）2.5 mm² 至 6 mm² 的单股导线与螺钉连接时，必须做到剥线无伤痕，连接部分的裸露导线须扳成圆圈，顺丝摆放，且大小刚好套进铜制螺丝。对多股导线必须压铜接头，搪锡。

（15）在导线受到弯曲或拉伸的部位，如机柜门上的电气部件与机柜内部的电气部件的连接，应采用具有同等截面的多芯软导线，并留有足够的长度，防止因过分拉伸而损伤导线绝缘或接头的可靠连接。此时还应设有固定线束的支架，不允许线束自由悬吊。同时线束外层应加套塑料蛇形管来起拉压的缓冲作用。

（16）各连接导线应具备与使用电压相适应的绝缘电压等级的绝缘层。

（17）为减少电磁辐射的影响，导线束应尽量在机柜两侧排布，并应尽量减少环路的形成。同时应分门别类将互不干扰的，以及相互容易干扰的导线分开布设，并进入对应的两侧走线槽。对于需要屏蔽的导线，要进行屏蔽与隔离。对于走线较长的信号线，可采用双芯屏蔽线等措施，以克服电磁干扰。

（18）如机柜中设有铜排，则导线与铜排的连接均应通过铜接头实现。

4.3.3 绝缘导线和地线的成形

导线成形是布线工艺中的重要环节。在导线成形之前，要根据机壳内部各部件和整件所处的位置，绘制布线图（俗称线扎图、线把图），这是布线的总体设想。有了"线扎"图，导线成形就可有条不紊地进行。

导线成形往往是先从裸导线，即单股裸铜线开始，因为裸导线一经成形就不会变形，可以为下一步敷设其他软导线（多股塑料绝缘线）打下基础。

地线是指电子装置内部电路接地的共用导体，常使用单股裸铜线、多股裸线或扁铜带等材料制成。自制的无屏蔽电缆，其地线应使用绝缘导线。易振动部位的地线则使用多股编织线。通常，分机或小型电子制作的地线多使用粗铜线，大型机柜、控制台、机箱内的地线可采用扁铜带或扁钢带。扁铜带有成品出售，也可用铜板或钢板在剪板机上裁剪制成所需要的形状。

  图4-3-1所示为粗铜线制成的地线。在小批量生产时，导线成形一般用手工弯曲。手工弯曲成形时（一般铜线直径在3 mm以下），可先按图纸说明在木板上画出线把图（见图4-3-1），再在图形的弯曲处钉一只铁钉，将准备好的裸铜线从一端开始按图成形。

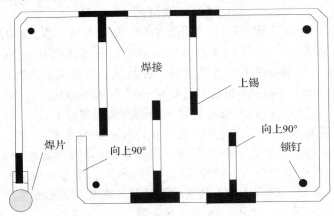

图4-3-1 粗铜线制成的地线

  如果是用多股软铜线制成地线，一般需在线头两端焊接焊片，以便于用螺钉紧固。在高频大功率电子装置内，有些活动引线采用多股软铜线，此时必须套上瓷珠（瓷珠有耐热和绝缘损耗小的优点），瓷珠的形状很多，可根据需要选用。

4.3.4 线扎成形工艺

  在电子装置整机的装配工作中，应该用线绳或线扎搭扣等把导线扎束成形，制成各种不同形状的线扎（又叫线把、线束），同一种电子装置的线扎应相同。

  通常，线扎是按图制作好后（尤其是产品，一般是先制线扎，然后打印标记再焊接安装），再安装到机器上的。为了便于制作线扎，设计者先要按1∶1的比例绘制线扎图，以便于在图纸上直接排线。在初学排线绘制线扎图时，可使用彩笔，这样一目了然，不易出错。

  制作线孔时，可把线扎图平铺在木板上，在线扎拐弯处钉上去帽的铁钉。线扎拐弯处的半径应比线束直径大两倍以上。导线的长短要合适，排列要整齐。线扎分支线到焊点应有(10 ～ 30) mm的余量，不要拉得过紧，免得受震动时将焊片或导线拉断。导线走的路径要尽量短，并避开电场的影响。输入、输出的导线尽量不排在一个线扎内，以防止信号回授（尤其是在设计音频、中频和高频电路时要注意这个问题）。如果必须排在一起，则应使用屏蔽线。射频电缆不排在线扎内。靠近高温热源的线扎影响电路的正常工作，应采取隔热措施，如加石棉板或石棉绳等隔热材料。

  在排列线绑扎导线时，导线较多时会导致排线不易平稳，可先用废铜线（或废漆包线）等金属线临时绑扎在线扎的适当位置上，然后用线绳从主要干线束绑扎起，继而绑扎分支线束，并随时拆除临时绑扎线。导线较少的小线扎，亦可按图纸从一端随排随绑。绑线在线束上要松紧适度，过紧容易破坏导线绝缘性，过松则线束不易挺直。下面介绍几种绑扎线束的方法。

1）线绳绑扎

绑扎线束的线绳有棉线、亚麻线、尼龙线和尼龙丝等。绑扎前可把这些线放在温度不高的石蜡中浸一下，以增加绑扎线的涩性，使线扣不易松脱。线绳的绑扎方法如图4-3-2所示。图4-3-2（a）所示为先绕一圈，拉紧，再绕第二圈，第二圈与第一圈靠紧。图4-3-2（b）所示为绕一圈后结扣。图4-3-2（c）所示为绕两圈后结扣。图4-3-2（d）所示为终端线扣的绕法，即先绕一个中间线扣，再绕一圈固定扣。

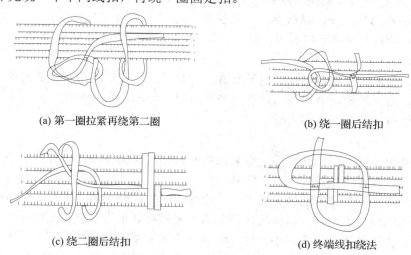

(a) 第一圈拉紧再绕第二圈　　　　　　　　(b) 绕一圈后结扣

(c) 绕二圈后结扣　　　　　　　　(d) 终端线扣绕法

图4-3-2　线绳的绑扎方法

起始线扣与终端线扣绑扎完毕应涂上清漆，以防止松脱。几种常见的线扎较粗或带分支线束的绑扎方法图，如图4-3-3所示。在分支拐弯处应多绕几圈线绳，以便加固。

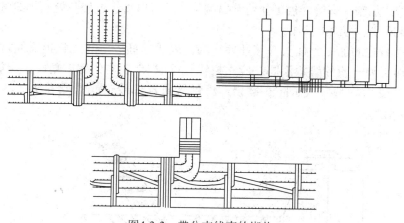

图4-3-3　带分支线束的绑扎

2）黏合剂结扎

导线很少时，如只有几根至十几根，而且这些导线都是塑料绝缘导线时，可以采用四氢呋喃黏合剂黏合成线束。

黏合时，可将一块平板玻璃放置在桌面上，再把待黏导线拉伸并列（紧靠）在玻璃上，然后用毛笔蘸黏合剂涂敷在这些塑料导线上，经过2～3分钟，黏合剂凝固以后便可获得一束平行塑料导线。

3）线扎搭扣绑扎

用线扎搭扣绑扎十分方便，线把也很美观，常用于大中型电子装置。用线扎搭扣绑扎导线时、可用专用工具拉紧，但不可拉得太紧，以防破坏搭扣。搭扣绑扎的方法是，先把塑料导线按线把图布线，在全部导线布完之后，可用一些短线头临时绑扎几处（如线把端头、转弯处），然后将线把整理成圆束。成束的导线应相互平行，不允许有交叉现象，整理一段即用搭扣绑扎一段，从头至尾，直至绑扎完毕。捆绑时，搭扣布置力求间距相等。搭扣拉紧后，要将导线多余的长度剪掉。

4）塑料线槽布线

对机柜、机箱、控制台等大型电子装置，一般可采用塑料线槽布线的方法。线槽固定在机壳内部，线槽的两侧有很多出线孔。布线时只需将准备好的导线一一排在槽内，可不必绑扎。导线排完后盖上线槽盖板。

5）塑料胶带绑扎

目前有些电子产品用的线扎采用聚氯乙烯胶带绑扎，简便可行，并且制作效率比线绳绑扎高，效果比线扎搭扣好，成本比塑料线槽低。

上述几种线束的处理方法各有优缺点。用线绳绑扎比较经济，但在大批量生产时工作量也很大。用线槽成本较高，但排线比较省事，更换导线也十分容易。黏合剂粘接只能用于少量线束，比较经济，但换线不方便，而且在施工中要注意防护，因为四氢呋喃在挥发过程中对人体有害。用线扎搭扣绑扎比较省事，更换导线也方便，但搭扣只能使用一次。

在线束成形后安装时，需注意以下两种常见情况的处理方法：

（1）导线经过棱角处的处理。线扎或单根导线经过机壳棱角处时，为了避免钢铁棱角磨损导线绝缘层造成接地故障（金属外壳按规定要接地）或短路故障，在线扎和导线上要缠绕聚氯乙烯绝缘带或加塑料套管，也可使用黄蜡绸带，还可以将经过棱角处的导线缠绕两层白布带后缠一层亚麻线，再涂上清漆。

（2）活动线扎的加工。插头等接插件，因需要拔出插进，其线扎也需经常活动，所以这种线扎的加工和一般的线扎不同。应先把线扎拧成15°左右的螺旋角度，当线扎弯曲时，就可使各导线受力均匀。为了防止磨损，可用聚氯乙烯胶带或尼龙卷槽在活动线扎外缠绕，如图4-3-4所示。

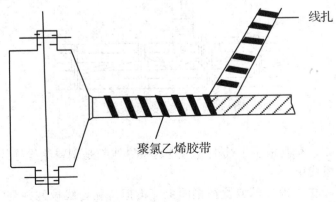

图4-3-4　在活动线扎外缠绕

4.3.5　汇流排设计、排布与安装的注意事项

对于低压大电流系统，一般以紫铜或铝加工成汇流排，一方面安全可靠，另一方面实用美观。在设计、安装时要注意以下几点：

（1）汇流排常用矩形导体制成，在环境温度为25℃时，铝导体的电流密度约为3 A/mm²，铜导体的电流密度约为4 A/mm²。不同环境温度时的电流密度应做适当修正，平均环境温度每升高5℃时，电流密度应降低5%。裸露的汇流排必须平直，表面不得有毛刺、严重划伤、压伤、磕碰、凹坑、明显的痕印和起皮等缺陷，弯曲处无裂痕，端头及连接处还应进行相应的工艺处理，从而保证导电性良好。汇流排接触面应平整，并应采取防电化学措施，如镀锡、镀镍等以减少接触电阻。

（2）设计安装时应避免汇流排的纵横交叉，汇流排之间不得有导线穿过。铜排相互连接时，应在其接触面上涂覆导电胶，同时要保证接触良好。

（3）与汇流排连接的器件，必须留有足够的拆装空间。

（4）与汇流排连接的器件或载流导体，在其连接的地方，不得有绝缘漆或热缩管存在。

（5）主电路汇流排的相序排列应符合上A、中B、下C、最下为中线，或左A、中B、右C、最右为中线，或里A、中B、外C、最外为中线的规则。对直流电路，其排列应符合上正、下负，或左正、右负，或里正、外负的规则。

（6）汇流排在(0.5~1) m（视机柜尺寸和汇流排的尺寸)处，应增加一支撑点予以固定。

（7）汇流排与汇流排之间，汇流排与其他金属之间的距离不得小于20 mm。

（8）汇流排一般做成扁平形状，为了操作方便，或防止影响其他零部件的安装，而必须增加操作空间时，允许改变截面积的大小，但以保持截面积变化最小为原则。

4.4　电路板的固定

电路板的固定方式有多种，最常见的是使用紧固螺钉将电路板固定在外壳上，如图4-4-1所示的AC/DC电源电路板的固定，就是采用这种最常见的固定方式。

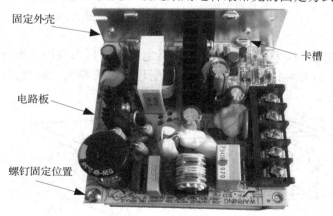

固定外壳
卡槽
电路板
螺钉固定位置

图4-4-1　AC/DC电源电路板的固定

图4-4-2所示为显卡的固定实物图，是将电路板插件沿槽形立柱插入底座上的插座中，

上面加压板用螺钉压紧，如台式计算机中独立显卡、PCI卡的固定等。

图4-4-3所示为内存的安装方式，在主板上附有把手，把手可起到固定、卡紧作用，又可用作拆卸电路板。

图4-4-2　主板上显卡的固定　　　　　　　　图4-4-3　内存的安装方式

图4-4-4所示为需散热元器件在电路板的固定方式，该安装方式的优点是，拆卸电路板时，无需将所有功率元器件上固定螺钉卸下，只需卸下电路板与散热用铝壳连接处的螺钉即可。

图4-4-4　功率元件的散热板安装方式

多电路板的固定可以采用导轨式插接，将电路板插件直接沿着底座上导轨插入底座，前面用压板压紧，如图4-4-5所示。电路板装配与固定的导轨一般为滑动摩擦导轨，典型结构如图4-4-6所示。

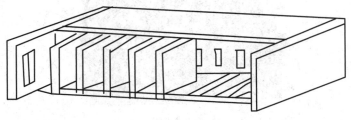

图4-4-5　电路板导轨式插接

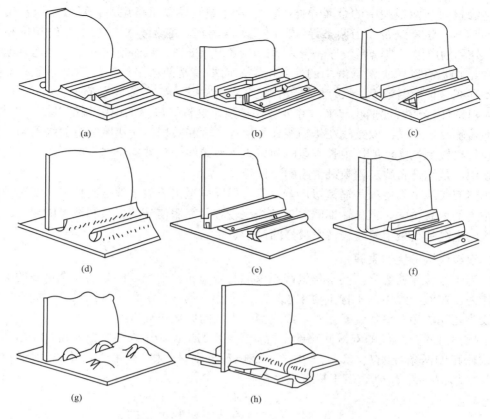

图4-4-6　电路板装配与固定的导轨

4.5　常用连接线

4.5.1　双绞线

双绞线因其价格便宜，加上它在低频下的性能稳定，故在频率低于100 kHz的情况下有广阔的应用前景。但在频率高于1 MHz时，屏蔽线的损耗大大增加。在高频段时，因其特性阻抗不均匀，及由此而造成的反射，使应用受到限制。

双绞线是由一对带有绝缘层的铜线，以螺旋的方式缠绕在一起所构成的。通常的双绞线电缆是由一对或多对这样的双绞线对组成的，如图4-5-1所示。双绞线具有抗干扰能力强的优点，不仅可以防止自己干扰别人，还可以减少别人干扰自己。

图4-5-1　常见的双绞线（以太网线）

绝缘材料使两根线中的金属导体不会因为互碰而导致电路短路。双绞线通常用于传输平衡信号。也就是说，当两条导线同时传输信号时，它们分别携带信号的相位相差为180°。外界的电磁干扰给两条导线带来的影响将相互抵消，从而使信号不会迅速衰退。螺旋状的结构也有助于抵消导线中的信号串扰，而如果是两根平行的导线就会形成一副天线，不存在这种抵消效应，只有把它绞合起来才能发挥足够的抗干扰特性。

多对双绞线通常被捆扎起来，并外敷保护层。这样，成捆的电缆就可以被掩埋起来。与其他传输介质相比，双绞线在传输距离、信道宽度和数据传输速度等方面均受到一定限制，但价格较为低廉，所以很长一段时间以来，双绞线一直被广泛用于电话通信以及局域网建设中，是综合布线工程中最常用的一种传输介质。

虽然双绞线主要用来传输模拟声音信息，但同样适用于数字信号的传输，特别适用于较短距离的信息传输。在传输期间，双绞线比较容易克服信号的衰减和波形的畸变。现在的以太网电缆就是采用双绞线技术最好的例子。

1. 双绞线抗干扰的原理

作为信号传输的媒介，要求传输线不仅能有效地传输信号，同时要具有很好的抑制干扰的能力。在双绞线中，干扰主要来自以下两方面：第一，外部干扰；第二，同一电缆内部各线对之间的相互串扰。下面对双绞线消除干扰的原理作分析。

干扰信号对未扭绞的双线回路的干扰如图4-5-2所示。U_C 为干扰信号源，干扰电流 I_C 在双线回路的两条导线 L_1、L_2 上产生的干扰电流分别是 I_1 和 I_2。由于 L_1 距离干扰源较近，因此 $I_1 > I_2$，$I_3 = I_1 - I_2 \neq 0$，有干扰电流存在。

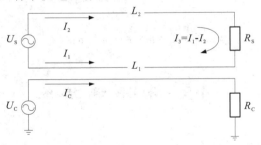

图4-5-2　未扭绞的双线回路的干扰分析

干扰信号对扭绞的双线回路的干扰如图4-5-3所示。与图4-5-2不同的是，双线回路在中点位置进行一次扭绞。在中点的两边，各自存在干扰电流 I_1 和 I_2，$I_1 = I_{11} - I_{21}$，$I_2 = I_{22} - I_{12}$。由于两段线路的条件完全相同，所以 $I_1 = I_2$，总干扰电流 $I_3 = I_1 - I_2 = 0$。通过分析，可以得出结论：只要合理地设置线路的扭绞，就能达到消除干扰的目的。

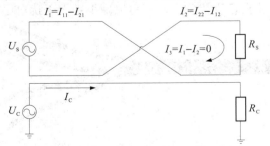

图4-5-3　扭绞的双线回路的干扰分析

如图4-5-4所示的以太网线缆，其内部的4个线对有不同的扭矩，肉眼不太容易看出来，但是把一段(5～6) m的以太网线缆剥开，会发现4对双绞线扭转的次数各有不同，这样设计是为了防止各个线对之间的交叉干扰。同理，只要合理的设计扭矩，就可以消除相互串扰。或者更简单一点的方法是，直接用以太网电缆来做信号传输电缆，也是不错的选择。以太网电缆不仅可以用于传递以太网信号，传递音频和视频的效果也能做到非常好。

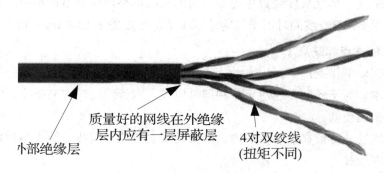

质量好的网线在外绝缘
层内应有一层屏蔽层

4对双绞线
(扭矩不同)

小部绝缘层

图4-5-4 以太网线缆的扭矩

2. 双绞线的特征

区分或评价各种类型双绞线特征的主要参数包括：导线直径、含铜量、导线单位长度绕数和屏蔽措施等，这些因素的综合作用决定了双绞线的传输速率和传输距离。

（1）导线直径：即铜导线的直径，一般直径越大，带宽就越高。

（2）含铜量：直观的表现就是导线的柔软程度，越柔软的导线含铜量越高，传输能力越强。

（3）导线单位长度绕数：表示导线螺旋缠绕的紧密程度，单位长度内的绕数越多，对干扰的抵消作用就越强。

（4）屏蔽措施：屏蔽措施越好，抗干扰的能力就越强。根据双绞线缆是否带有金属封装的屏蔽层可以把双绞线分为非屏蔽双绞线(UTP)和屏蔽双绞线(STP)。理论上，屏蔽双绞线的传输性能更好，但在实际使用中，屏蔽双绞线对于工程安装的要求较高，而且如果金属屏蔽层的接地不好时，有些条件下其性能甚至还不如非屏蔽双绞线。因此，被广泛使用的实际上是非屏蔽双绞线。

3. 双绞线的分类

双绞线传输模拟信号带宽可以达到几兆乃至十几兆赫兹，而传输数字信号的数据速率随距离而不同。EIA/TIA为双绞线电缆定义了不同的规格型号，根据双绞线所支持的传输速率，主要可以分为以下几类：

（1）一类线：由两对双绞线组成的非屏蔽双绞线，其频谱范围窄，主要用于传输语音，而较少用于数据传输，最高只能支持20 kb/s的数据速率。

（2）二类线：由四对双绞线组成的非屏蔽双绞线，主要用于语音传输和最高可达4 Mb/s的数据传输。

（3）三类线：由四对双绞线组成的非屏蔽双绞线，主要用于语音传输和最高可达10

Mb/s 的数据传输。10 base-T 的以太网，即是采用的三类线。

（4）四类线：由四对双绞线组成的非屏蔽双绞线，用于语音传输和最高达 16 Mb/s 的数据传输。

（5）五类线：由四对双绞线组成的非屏蔽双绞线，用于语音传输和高于 100 Mb/s 的数据传输，主要用于百兆以太网。如用在 100 base-T 的以太网中。

（6）超五类线：由四对双绞线组成的非屏蔽双绞线，与五类线相比，超五类线所使用的铜导线质量更高、单位长度绕数也更多，因而衰减更小，信号串扰更小，具有更小的时延误差，在使用 4 对双绞线同时用于传输地情况下，可以用于 1000 base-T 的千兆以太网。

4. 双绞线的优点和缺点

双绞线具有以下优点：

（1）低成本，易于安装。相对于各种同轴电缆，双绞线比较容易制作，它的材料成本与安装成本也都比较低。

（2）应用广泛。目前在世界范围内已经安装了大量的双绞线，绝大多数以太网线和用户电话线都是双绞线。

双绞线还有很多缺点：

（1）带宽有限。由于材料与本身结构的特点，双绞线的频带宽度有限。

（2）信号传输距离短。双绞线的传输距离只能达到 1000 m 左右，这对于很多应用场合的布线存在着较大的限制，而且传输距离的增长还会伴随着传输性能的下降，如果要比这个距离更长，还要保持一定带宽的话，一般使用光纤。

（3）抗恶劣环境干扰能力不强。双绞线对于外部干扰很敏感，特别是外来的强电磁干扰和雷击。而且湿气、腐蚀以及相邻的其他电缆这些环境因素都会对双绞线产生影响。在实际的布线中双绞线一般不应与电源线平行布置，否则距离长了就会引入干扰，而且对于需要埋入建筑物的双绞线，还应套入其他防腐防潮的管材中，以消除湿气的影响。

5. 双绞线的应用

1）ISDN

窄带 ISDN 中的基本速率接口（BRI）和基群速率接口（PRI）常使用双绞线作为传输介质。

2）xDSL

基于数字用户线路技术（DSL）存在着多种接入网络的解决方案，如 ADSL、SDSL 和 VDSL 等，它们的共同特点是通过使用调制和编码技术在双绞线上实现了数字传输，达到了较高的接入速率。但这些 DSL 技术又在通信距离、是否对称传输、最高速率和使用双绞线对数等很多方面存在着不同。根据本地网络状况、带宽需求和用户使用习惯等不同，它们有着不同的应用场合。目前在我国，非对称数字用户线路（ADSL）技术被大规模的用于接入网络建设中。在我国的电话网络中，特别是公共电话网络用户线路的布线中还存在着大量的平行线。在电话通信中使用平行线代替双绞线的影响不大，但当利用这样的接入线路作 ADSL 接入时，就会产生较大的影响。ADSL 下行的最大速率可以达到 8 Mb/s，而采用平行线替代双绞线一般只能达数百 kb/s 的下行速率。

3）以太网

目前十兆/百兆/千兆以太网的主要传输介质都是双绞线，这其中，十兆/百兆以太网使用2对双绞线，千兆以太网使用4对双绞线，一般的以太网线都包含4对双绞线。部分以太网线也采用平行线或同轴电缆作为传输介质。

4.5.2　同轴线

同轴线由中心的铜质或铝质的导体、中间的绝缘塑料层、金属屏蔽层以及主要起保护作用的外套层组成。这其中，同轴线的铜导体要比双绞线中的铜导体更粗，而接地的金属屏蔽层则可以有效地提高抗干扰性能。因此，同轴线具有比双绞线更高的传输带宽。同轴线的结构如图4-5-5（a）所示，实物照片如图4-5-5（b）所示。

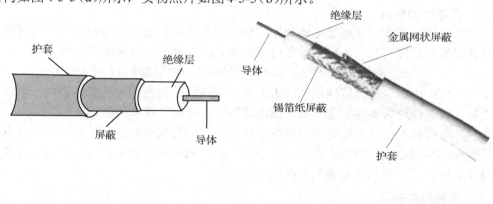

（a）内部结构　　　　　　　　　　　　（b）实物图

图4-5-5　同轴线

同轴线中的屏蔽层既可以是铜质网状的，也可以是铝质薄膜状的。它的另外一个作用是防止寻找食物的饥饿老鼠破坏裸线。绝缘塑料层和外套层均可以有不同的形状、结构和强度，这一般取决于电缆使用时的安装条件和使用环境等因素。例如，室外环境的架空电缆工作在强风以及雨雪等恶劣环境中，因此需要强度较高的外套层。

同轴线的传输特性优于双绞线。这主要是由于同轴线使用更粗的铜导体和更好的屏蔽层。更粗的铜导体可以提供更宽的频谱，一般可达数百兆赫。另外信号传输时的衰减也更小，也可以提供更长的传输距离。普通的非屏蔽双绞线是没有接地屏蔽的，因此同轴线的误码特性大大优于双绞线，可以达到10^{-9}。同轴线的这种结构，使它具有高带宽和极好的噪声抑制特性。实际应用中，同轴线的可用带宽取决于电缆长度。1 km的电缆最高可以达到$(1 \sim 2)$ Gb/s的数据传输速率。也可以使用更长的电缆，但是传输速率就要降低或需要使用信号放大器。常见的同轴线有两种：一种是50 Ω阻抗的同轴线，用于数字传输，由于多用于基带传输，也叫基带同轴线；另一种是75 Ω阻抗的同轴线，用于模拟传输，也被称为宽带同轴线。宽带同轴线在使用中其带宽可以被划分为几个范围。通常每一个频率范围都携带着各自的编码信息，这样就可以在一根电缆上同时复用地传输多个数据流。同轴线的常见规格如表4-5-1所示。

表4-5-1　同轴线的常见规格

规　格	类　型	阻　抗/Ω	描　述
RG–58U	细缆	50	固体实心铜导线
RG–58A/U	细缆	50	绞合线
RG–58C/U	细缆	50	RG–58A/U的军用版本
RG–59	CATV	75	宽带同轴电缆，用于有线电视中
RG–8	粗缆	50	固体实心线，直径约为1 cm
RG–11	粗缆	50	标准实心线，直径约为1 cm

1. 同轴线的特点

（1）可用频带宽。同轴线可供传输的频谱宽度最高可达到吉赫兹，比双绞线更适合提供视频或是宽带接入业务，也可以采用调制和复用技术来支持多信道传输。

（2）抗干扰能力强，误码率低，但这会受到屏蔽层接地质量的影响。

（3）性价比高。虽然同轴线的成本要高于双绞线，但是它也有着明显优于双绞线的传输性能，而且绝对成本并不是很高。因此其性价比还是比较合适的。

（4）安装较复杂。双绞线和同轴线一样，线缆都是制作好的，使用时需要截取相应的长度并与相应的连接件相连。在这一环节中，由于同轴线的铜导体较粗，一般需要通过焊接与连接件相连，所以其安装比双绞线更为复杂。

2. 同轴线的应用

同轴线以其良好的性能在很多方面得到了应用。

1）早期的局域网

早期的以太网大多采用同轴线作为传输介质，当用于十兆以太网时，传输距离可以到1000 m。很多生产年份较早的网卡均同时提供连接同轴线和双绞线两种接口。不过由于其成本高过5类线，所以这几年在局域网中的应用少多了。

2）局间中继线路

同轴线也被广泛地用于电话通信网中局端设备之间的连接。特别是作为PCM/E1链路的传输介质。

3）有线电视(CATV)系统的信号线

直接与用户电视机相连的电视电缆多采用同轴线。该电缆一般既可以用于模拟传输，也可以用于数字传输。在传输电视信号时一般是利用调制和频分复用技术将声音和视频信号在不同的信道上分别传送。这是同轴线在民用中用的最多的地方。

4）射频信号线

同轴线也经常在通信设备中被用作射频信号线。例如基站设备中功率放大器与天线之间的连接线就是同轴线。

4.5.3　排线

排线，又称扁平电缆，它是电路板之间或电路板与部件之间短距离连接中常用的连接线，如计算机中的硬盘、光驱与主板的连接线。该类连接线的特点是多股导线以一并排的方式用绝缘塑料相互连接在一起，如图4-5-6所示，其导线两端的连接端子根据电路板设计需要选择不同的连接器。具体可参考本书作者编写的《元器件识别与选用》一书的相关章节。

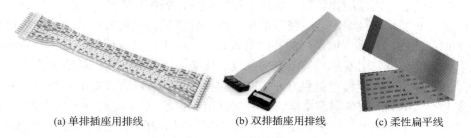

(a) 单排插座用排线　　(b) 双排插座用排线　　(c) 柔性扁平线

图4-5-6　常见排线

排线之间由于有绝缘塑料互连，很容易辨别导线的位置信息（即导线与连接器的哪一个引脚相连），在多导线连接的设备中，不会将导线的位置关系弄错。

1. 排线的特点

（1）排线体积小、重量轻，排线最初的设计是用于替代体积较大的线束导线。

（2）排线可移动、弯曲和扭转而不会损坏导线，可以适应不同形状和特殊的封装尺寸。

（3）排线具有优良的电性能、介电性能和耐热性。

（4）排线具有更高的装配可靠性和更好的质量。

2. 排线的应用

排线使用的主要问题是信号线和地线的分配问题。图4-5-7是排线的几种信号线和地线的分配方案。

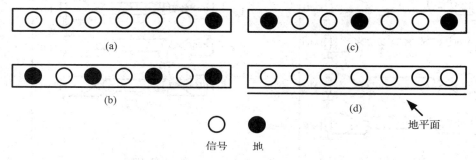

图4-5-7　排线的信号线和地线的分配方案

在图4-5-7中：

图（a）中一根作为地线，其余为信号线。其优点是导线数最少，但信号线与接地回线之间存在大的环路面积，使辐射及敏感度问题劣化。其次，所有信号线共用一根地线，会产生公共阻抗耦合问题。另外，信号线之间有串扰问题。故电磁兼容性差，不宜采用。

图（b）属较好方案。每根信号线都有自己的单独回线，无公共阻抗，环路面积最小，串扰也减至最小，但用线数几乎为（a）的一倍。

图（c）为折中方案。由两根信号线头共用一根地线，环路面积小，有一些公共阻抗，串扰也比（b）稍高，但用线数比（b）减少25%。多数情况下，此方案已够用。

图（d）在带状电缆下有跨路电缆线宽度的平板（接地板），环路面积由平板和带状电缆的距离来决定。这种电缆的端接比较困难，故很少采用。

4.5.4 电缆线的屏蔽层

大多数屏蔽电缆都是用金属线编织层进行屏蔽的，编织层柔软、耐用，但它的不致密会使屏蔽效果变差，而且编织方式使屏蔽电流均匀性变差，故防磁场效率比金属箔电缆低(5 ～ 30) dB。此外，高频下编织层的孔隙与波长之比变大，使屏蔽效能进一步降低。在这种情况下的关键部位要用双层，甚至三层屏蔽的电缆，以期提高编织层的覆盖率。

用薄铝箔屏蔽层的电缆可提供几乎100%的覆盖率，所以有较好的电场屏蔽效果。但是在强度上不如用编织层的屏蔽电缆，而且端接情况也差（难于做到360°的端接）。

更好的屏蔽电缆由箔层与编织层组合，编织层可解决360°的连续端接，而金属箔层则可覆盖编织层的孔隙。

1. 电缆线屏蔽层的接地问题

同轴线和双绞线都有一个屏蔽层接地的问题。使用者经常困惑的是要不要接地，要几点接地，是始端还是终端接地，甚至考虑多点接地。图4-5-8给出了不同接地方法对磁场屏蔽的试验结果(100 kHz磁场干扰)。

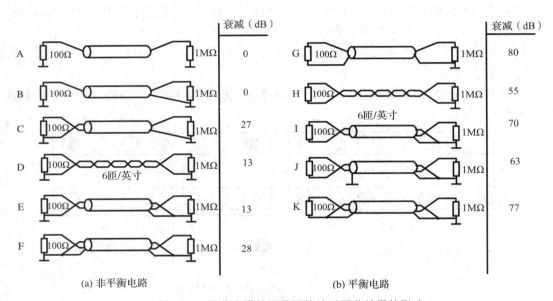

图4-5-8　屏蔽电缆的屏蔽层接地对屏蔽效果的影响

在图4-5-8中：

电路A实际上不提供屏蔽。

电路B屏蔽层一端接地，对磁场无屏蔽作用。

电路C屏蔽层两端接地，对磁场有一些屏蔽作用。

电路D双绞线的作用被电路两端构成的地环路所破坏（比较电路H和D的衰减，就可以看到这种情况）。

电路E双绞线加屏蔽层，屏蔽层一端接地，并未显示出有额外的屏蔽效果。

电路F屏蔽层两端接地，可提供一点额外的效果（比较E来说），这是因为低阻抗的屏蔽层分流了部分磁感应地环路电流。

总之电路 A ～ F 都不能提供良好的磁屏蔽性能，这都是因为有地环流的缘故。如果电路必须两端接地，应使用 C 或 F 的形式。

电路 G 在磁场屏蔽中有明显改进，这是因为同轴电缆只有很小的环路面积。

电路 H 的双绞线也能提供很好的屏蔽作用。

电路 I 在双绞线外面增加了屏蔽，使屏蔽性能进一步改善。

电路 J 的屏蔽层两端接地，在屏蔽层形成了地环路，屏蔽层电流对两根中心导线感生了电压，使屏蔽性能稍稍减小。

电路 K 的屏蔽效果比 I 好，这是因为它综合了同轴电缆 G 和双绞线 I 两个电路的特点。

但一般不建议用电路 K，因为在屏蔽层上的任何噪声电流和电压都可作用到信号线上。

从试验结果看，将 100 Ω（发送端）直接接地是不合适的，因为两端接地为地环路电流提供了分流，会使磁场屏蔽性能下降。另外，双绞线或带屏蔽层的双绞线对磁场的屏蔽效果明显优于单芯屏蔽线，这是由双绞线本身的特点所决定的。

试验中选用的 100 kHz 是个临界点，频率低于它时，就用试验提供的结果（单点接地）。若频率高于此值，电缆的屏蔽层还是要采用多点接地。如果传输脉冲信号，而且脉冲的上升时间很短，则应按高频信号来处理。

2. 屏蔽电缆的端接方法

磁屏蔽的效果取决于环绕芯线周围的屏蔽电流的分布。而端头附近的磁屏蔽效果取决于端接的方法，图4-5-9所示方式将使屏蔽层电流集中在"小辫"这一侧。

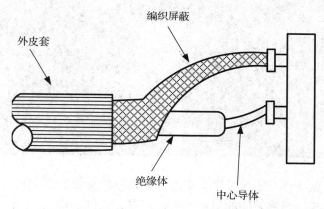

图4-5-9　屏蔽电缆的端接方法（适用于要求较低的场合）

为获得最大限度的屏蔽效果，屏蔽层应均匀端接，可用同轴连接器（如 BNC 或 N 型连接器）。连接器对屏蔽层提供 360° 的电接触。同轴端接还提供完整的内导体覆盖层，以保证电场屏蔽的完整性。

此外，还应注意，电缆连接器与电缆线特性阻抗的匹配是保证连接处信号不产生反射的关键。

总之，理想的屏蔽层端接要求做到以下几点：

（1）接地阻抗要很低。

（2）电缆线与连接器的特性阻抗要匹配。

（3）屏蔽层要有 360° 的端接（360° 的端接本身也体现了配合上的阻抗连续）。

习　题

4-1　对于一个工程设计，如果需要多块电路板，在兼顾引线数量、电磁兼容、便于维护等需求的情况下怎样划分各电路板的功能？

4-2　简述常见的剥线方法。怎样在保证不损伤导线的情况下剥线？有条件的情况下，测量不同线径、不同类型导线的拉扯能力。

4-3　学习用烙铁给导线上锡。怎样防止过量上锡？

4-4　怎样将下图所示设备中的导线排列得更有规律，便于维护（查错和排除故障）？

4-5　怎样对屏蔽线进行连接处理？多线芯的屏蔽线分线时需怎样处理？

4-6　学习不同线径导线之间的搭接焊接，多导线之间的焊接。

4-7　学习接线柱上导线的焊接。怎样保证焊接的可靠性？

4-8　学习导线布线规划及导线扎结排布。

4-9　常见的电路板固定方式有哪些？不同固定方式各有什么优缺点？

4-10　在用电缆线进行长距离连接时，该怎样处理屏蔽线接地？

4-11　双绞线的抗干扰原理是什么？在什么情况下使用双绞线？

第5章 仪器操作

仪器设备是电路板测试过程中必不可少的装备，它常用于给待测电路板提供测试信号，检测电路板输出信号，辅助判断电路板的故障点等。

5.1 万 用 表

万用表是用来测量交直流电压、电流、电阻等参数的仪表，是电工和无线电制作者的必备工具。目前最常用的为数字式万用表，它比指针式万用表的功能更多、灵敏度更高、准确度更好、显示清晰、过载能力强、便于携带、操作更简单。数字式万用表是由液晶显示器、信号处理电路、量程选择开关、表笔等组成的。万用表的三个基本功能是测量电阻、电压和电流，所以又称为三用表。现在的万用表添加了好多新功能，如测量电容值、三极管放大倍数、二极管压降、信号频率等。

5.1.1 数字式万用表的结构特点

数字式万用表按量程转换方式，可以分手动量程选择式万用表和自动量程变换式万用表。手动量程选择式万用表实物如图5-1-1（a）所示，其量程的选择需要通过手动拨动旋钮开关进行选择，这种万用表的价格较低，操作相对自动量程变换式较为复杂，因量程选择得不合适很容易使万用表过载。自动量程变换式万用表实物如图5-1-1（b）所示，这种万用表可简化操作，其功能旋钮部分无量程切换档，测量范围由表内自动判别和转换，有效地避免过载并能使万用表处于最佳量程，从而提高了测量效率，但是其价格相对较高。对于

(a) 手动量程选择式　　　(b) 自动量程变换式

图5-1-1　数字式万用表

想进入电子行业的初学者，笔者建议购买自动量程变换式$4\frac{1}{2}$位数字式万用表，它相对容易操作、显示直观、精度较高，在万用表中性价比较高。

数字式万用表也称数字多用表（DMM），是采用先进的数字显示技术制成的，它是将所有测量的电压、电流、电阻等测量结果直接用数字形式显示出来的测试仪表，其显示清晰、直观，读取准确，既保证了读数的客观性，又符合人们的读数习惯。许多数字式万用表除了基本的测量功能外，还能测量电容、电感、晶体管放大倍数等数据，是一种多功能测试仪表。

现在，许多数字式万用表还添加了以下标志符显示功能。

（1）单位符号。例如：nV、μV、mV、V、nA、μA、mA、A、mΩ、Ω、kΩ、MΩ、Hz、kHz、MHz、pF、nF、μF、nS、S、μH、mH、H。

（2）测量项目符号。例如：AC（交流）、DC（直流）、LOΩ（低阻）、LOGIC（逻辑电平）、MEM（记忆）。

（3）特殊符号。例如：读数保持符号HOLD或H、自动量程符号AUTO、10倍乘符号×10等。有些数字式万用表在LCD液晶显示屏的小数点下面设置了量程标志符，例如：小数点下边显示为200时，表明所对应的量程为200的数值。在一些特殊测量应用中，还会显示一些其它的符号。例如：在通断测量中，会显示 ꜀)))) 符号。

为了解决数字显示方式反映被测量连续变化的过程和变化的趋势的问题，近年来许多数字式万用表设置了带模拟图形的双显示或多重显示模式。这类万用表更好地结合了数字式万用表和指针式万用表的显示优点，使得数字式万用表的使用测量更加方便，并具有显示清晰直观、读数准确、准确度高、测试功能强、测量范围宽、测量速率快、输入阻抗高、微功耗等特点。

5.1.2　数字式万用表的使用

万用表常用于测量交流和直流电压、电流；测量电阻、电容、电感、频率；测量电路通断；二极管极性等。下面以图5-1-1（b）所示的万用表为例讲解其用法。

1. 测量交流和直流电压

电压是两点之间的电位差，交流电压（AC）的极性随时间而变化，而直流电压（DC）的极性不会随时间而变化。仪表的电压挡通常有400.0 mV、4.000 V、40.00 V、400.0 V和1000 V几种。例如：欲选择直流400 mV DC挡，可把旋钮开关转到mV挡。如欲测量交流或直流电压，可按照图5-1-2的设定并连接仪表。

在每一个量程挡，仪表的输入阻抗是10 MΩ，这种负载效应会在高阻抗的电路上引起测量上的误差。大部分情况下，即如果电路阻抗是10 kΩ或更低，误差可以忽略（0.1%或更低）。

为得到更佳的精度，测量交流电压的直流偏压时，应先测量交流电压，记下测量交流电压的量程，然后以手动方式选择和该交流电压量程相同或更高的直流电压量程。这样可以确保输入保护电路没有被用上，从而改善直流测量的精度。

注意： 手动选择测量量程时，输入保护电路未使用，故必须使待测量参数保持在所选择的量程内。

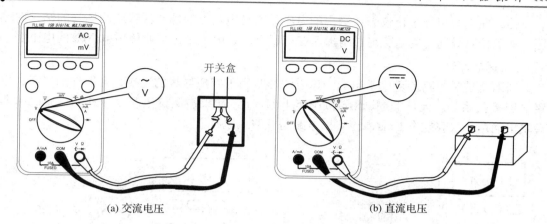

(a) 交流电压　　　　　　　　　　　　　(b) 直流电压

图5-1-2　测量交流和直流电压

2. 测量电阻

　　为避免仪表或被测设备的损坏，测量电阻以前，应先切断待测电路的电源，并把所有的高压电容器放电。电阻是表示导体对电流阻碍作用的大小，它的单位是欧姆(Ω)。仪表是通过输出小的电流到电路上来测量电阻的。由于这个电流流通表笔之间所有可能的通道，所以在电路上的电阻读数代表了表笔之间所有通道的总电阻。仪表的电阻量程有以下各挡：400.0 Ω、4.000 kΩ、40.00 kΩ、400.0 kΩ、4.000 MΩ 和 40.00 MΩ。测量电阻过程中，万用表的接法如图5-1-3所示。

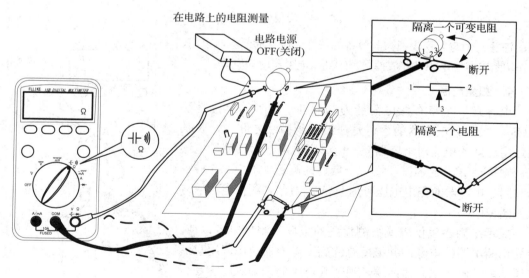

图5-1-3　万用表测量电阻

　　以下是测量电阻的一些诀窍：

　　（1）在电路上所测量到的电阻值通常会和电阻的额定值有所不同。这是由于仪表所输出的测试电流会通过表笔之间所有可能的通道造成的。

　　（2）进行电阻测量的时候，测试导线会带来(0.1 ~ 0.2) Ω的电阻测量误差。如果要测量导线的电阻，可以将表笔的尖部碰在一起，读出表笔短接的电阻，用测量值减去该短路测量值即可得到导线电阻。

（3）在大电阻挡下，仪表所输出的电压足够使电路上的硅二极管或晶体管的结正向偏压，从而使它导通。为避免这种情形，在电路上测试电阻时，不要使用40 MΩ的电阻挡。

3. 通断测试

通断测试是电路测量中常用的测量方法，常用于判断导线的连接、元器件的好坏、电路的连接关系等。元件的通断测试如图5-1-4所示，如果被测试电路是导通的，则蜂鸣器会发出嘀声。仪表能在1 ms内检测出电路是开路或短路。

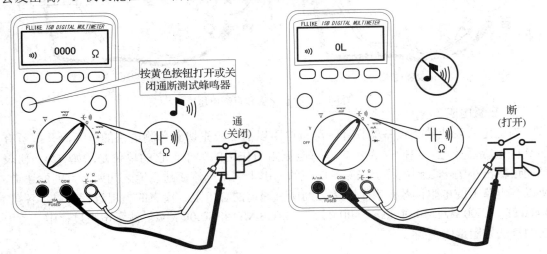

图5-1-4　万用表测量电路通断

注意： 为避免仪表或被测设备的损坏，进行通断测试以前，应先切断电路的电源，并放掉所有的高压电容器内的电荷。

4. 测量电容

电容是一个有存储电荷能力的元件，电容的单位是法拉（F）。大部分电容器的容值是在纳法到微法之间，仪表是通过用已知的电流对电容器充一定时间的电，然后测量电压值，则可计算出电容值。每一个量程的测量大约需要1秒钟的时间。电容器的充电电压可达1.2 V。万用表测量电容的方法如图5-1-5所示。

提示： 为避免仪表或被测设备的损坏，测量电容以前，应先切断电路的电源，并把所有的高压电容器放电。用直流电压功能挡测量电容器两端，观察其电压值来确定电容是否已被放电。

技巧： 在没有电容值测量功能的万用表中，可使用通断测试的方法，来快速判断一个电容器的好坏，即将红黑表笔分别接电容器两端，再将红黑表笔反接在电容器两端，这时如果听见短暂的滴滴声，则表示电容器正常。

5. 测试二极管

用二极管测试挡可以测试二极管、晶体管以及其它半

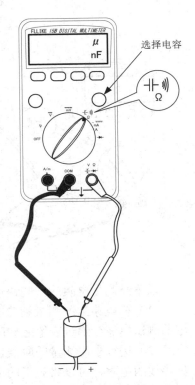

图5-1-5　万用表测量电容

导体元件。二极管测试挡的功能是通过对半导体结送出一个电流，然后用仪表测量经过该结的电压降。一个良好的硅半导体结的电压降应该在(0.5 ～ 0.8) V 之间。

要在一个电路外测试一个二极管，请按照图5-1-6所示设定仪表。如果要测试任何半导体元件的正向偏压，应把红色的表笔放在元件的正极，把黑色的表笔放在元件的负极。在一个电路上，一个好的二极管仍然应该产生(0.5 ～ 0.8) V 的正向偏压。但是，反向偏压的读数将取决于两表笔针头之间其他通道的电阻值。

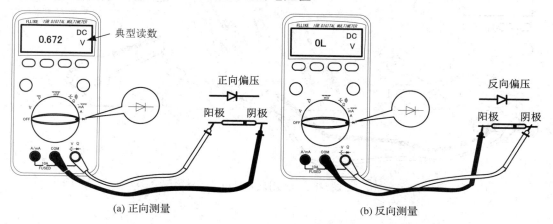

(a) 正向测量　　　　　　　　　　　　　　　(b) 反向测量

图5-1-6　万用表测试二极管

提示： 为避免仪表或被测设备的损坏，测试二极管前，应先切断电路的电源，并把所有的高压电容器放电。

6. 测量交流或直流电流

使用万用表测量电流的方法如图5-1-7所示，其具体步骤如下：

（1）关闭电路的电源，把所有的高压电容器放电。

（2）将黑色表笔端子插入COM端子，将红色表笔端子插入A或mA端子，注意在无法估计待测电流大小的情况下，必须先将红色表笔端子插入最大的挡位端子中。

（3）选择交流或直流电流测量功能挡，即按要求选择测量交流或直流。

（4）断开将要进行测量的电路。把黑色表笔连接到被断开的电路(其电压比较低)的一端，把红色表笔连接到被断开的电路(其电压比较高)的一端。如果把表笔反过来连接会使读数变为负数但不会损坏仪表。

（5）打开电路的电源，然后读出显示的读数。记得要记下显示器右方的测量单位(mA或A)。

（6）关闭电路的电源并将所有的高压电容器放电。拆下仪表的连接线并把电路恢复原状。

提示： 当开路点至地之间的电压超过1000 V 时，切勿尝试在电路上进行电流的测量。否则测量时保险丝会被烧断，更可能会损坏仪表或伤害到操作者。

为避免仪表或被测试设备的损坏，进行电流测量前，请先检查仪表的保险丝。测量时应使用正确的端子、功能档和量程。当测量导线被插在电流端子上的时候，切勿把表笔并联跨接到任何电路上。

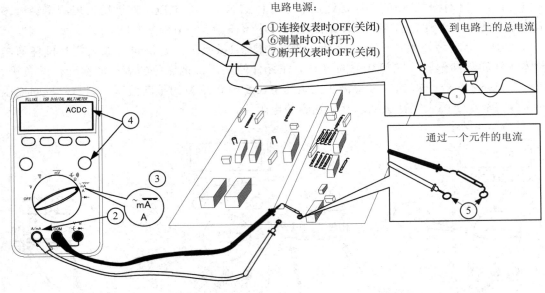

图5-1-7　万用表测量电流

5.1.3　数字式万用表的使用注意事项

在使用万用表时，必须注意以下一些事项，否则可能会损坏万用表，甚至危害操作者自身的安全。

（1）除测量电路的电压、电流外，测量其他参数必须切断电源，且将所有高压电容器放电。

（2）测量电流时，需先使用大电流挡测量，在保证所测电流不超过小电流挡最大量程的前提下，可切换小电流挡测量。

（3）测量电流完毕后，必须将红表笔拔出电流测量插孔，重新插入电压、电阻等参数测量的插孔。

（4）如果无法测量出电流值，可能是万用表中测量电流的保险丝损坏，请更换保险丝。再次测量前需注意，先判断是否是回路的电流过大导致该表无法测量，此时建议使用较大测量能力的万用表测量。

（5）测量电路板中的电阻时，需使用电烙铁将电阻的一只引脚从电路板中断开，否则测量的值可能不准确，从而导致故障点判断错误。

（6）测量小阻值电阻（10 Ω以下）时，需减去两表笔短接时的测量值。

（7）测量大阻值电阻（100 kΩ以上）时，需手动切换测量量程。

（8）养成单手拿两只表笔测量的良好习惯，测量时手指不得超过表笔下端的塑料突出标志线，特别是测量电路的电压、电流时，必须单手小心操作，以减轻操作不当对人身造成的危害。

（9）当电路内部电压过高时，测量电路的电压、电流需特别小心，且需确认使用的万用表能用于高压测量场合。

5.2 示 波 器

示波器是一种用来展示和观测信号波形及相关参数的电子仪器，它可以观测和直接测量信号波形的形状、幅度和周期。因此，一切可以转化为电信号的电学参量或物理量都可转换成等效的信号波形来观测。如电流、电功率、阻抗、温度、位移、压力、磁场等参量的波形以及它们随时间变化的过程都可用示波器来观测。

示波器在电子设备的检修、调试过程中非常重要，它可以将电路中的电压波形、电流波形在示波器上直接显示出来，检修者可以根据检测的波形形状、频率、周期等参数来判断所检测的设备是否有故障。如果波形正常，表明电路正常，如果信号的频率、相位出现失真属于不正常，维修者就可以根据所检测的波形状态来分析和判断故障。示波器可以测量各种交流信号与数字脉冲信号，还可以检测直流信号。它的使用可以提高维修效率，使操作者尽快找到故障点。

5.2.1 示波器的结构特点

示波器的种类有很多，可以根据示波器的信号处理方式、显示信号的数量、显示屏的特点和测量范围等来进行分类。按信号处理方式分为模拟示波器和数字示波器。按显示信号的数量分为单踪示波器、双踪示波器和多踪示波器。按显示屏的特点分为阴极射线管（CRT）示波器、彩色液晶示波器和电脑监视器。按测量范围分为超低频示波器、低频示波器、中频示波器、高频示波器和超高频示波器。无论是哪种示波器，它都主要由显示屏、操作面板和信号输入端口组成，图5-2-1给出了一款双通道液晶示波器的面板图。

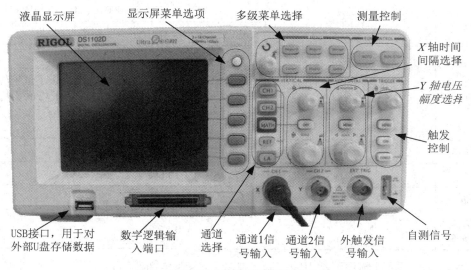

图5-2-1 双通道液晶示波器面板说明

示波器的常用性能参数有带宽、采样速率、屏幕刷新率、存储深度、触发方式、通道数等。在一些数字示波器中，还有运算方式、存储和显示分辨率等参数，表5-2-1所示为DS3012B双踪示波器（数字）的部分性能参数。

表 5-2-1　DS3012B双踪示波器(数字)的部分性能参数

	采样方式	实时采样	等效采样
采样	采样率	100 MS/s	10 GS/s
	平均值	所有通道同时达到N次采样后，N次数可在2、4、8、16、32、64和128之间选择	
输入	输入耦合方式	直流、交流或接地（AC、DC、GND）	
	输入阻抗	$1×((1±2)\%)$ MΩ，与（$15±3$）pF并联	
	探头衰减系统系数设定	$1×$，$10×$，$100×$，$1000×$	
	最大输入电压	400 V（DC+AC Peak）	
垂直系统	灵敏度范围	（2～5）mV/div（在输入BNC处）	
	模拟带宽	100 MHz	
	模拟数字转换器（量化数）	8 bit分辨率	
	通道数	2	
水平系统	扫描时间范围	5 ns/div～5 s/div（按1–2–5进制）	
触发系统	触发类型	边沿、视频、Set to（设定电平至）50%	
	触发方式	Auto（自动）、Normal（常态）、Single（单次）	
	触发源	DC（直流）	CH1和CH2：1div（DC 10 MHz）
			EXT（外触发）：100 mV（DC 10 MHz），200 mV（10MHz满带宽）
			EXT/5：500 mV（DC 100 MHz）
		AC（交流）	50 Hz及以上时和直流相同
测量	光标测量	手动模式、跟踪模式	
	自动测量	峰峰值（V_{P-P}）、最大值（V_{max}）、最小值（V_{min}）、顶端值（V_{top}）、底端值（V_{base}）、平均值（V_{arg}）、有效值（V_{rms}）、频率（f）、周期（T）、上升时间（t_r）、下降时间（t_f）、脉宽等	
运算方式	加、减、乘、除		
探头	RP3165（1∶1、10∶1）100 MHz无源探头		
存储	5组波形，5种设置		
显示方式及分辨率	彩色LCD，320×240		

示波器是电子设计制作中常用的仪器，读者在购买时一般需要考虑如下一些性能指标。

1）带宽

带宽一般定义为正弦输入信号幅度衰减到-3 dB时的频率宽度，带宽决定示波器对信号的基本测量能力。随着被测信号频率的增加，示波器对信号的准确显示能力将下降，如果没有足够的带宽，示波器将无法分辨高频分量的变化。幅度将出现失真，边缘会变得圆滑，细节参数将被丢失。如果没有足够的带宽，就不能得到关于信号的所有特性及参数。

选择示波器时将要测量的最高频率分量乘以5作为示波器的带宽，这会在测量中使测量误差低于2%。示波器的带宽越宽价格越高，同样性能的示波器，国际品牌的价格往往高于国内厂商的价格，因此，应根据工作需要、经费和性能进行综合考虑。

2）采样速率

采样速率即为每秒采样次数，指数字示波器对信号采样的频率，它是数字示波器的重要指标。示波器的采样速率越快，所显示的波形的分辨率和清晰度就越高，重要信息和随机信号丢失的概率也就越小。

如果需要观测较长时间范围内的慢变信号，则最小采样速率就变得较为重要。为了在显示的波形记录中保持固定的波形数，需要调整水平控制旋钮，而所显示的采样速率也将随着水平调节旋钮的调节而变化。

3）屏幕刷新率

示波器以每秒特定的次数捕获信号，在这些测量点之间将不再进行测量，这就是波形捕获速率，也称屏幕刷新率。采样速率表示的是示波器在一个波形或周期内，采样输入信号的频率，波形捕获速率则是指示波器采集波形的能力。波形捕获速率取决于示波器的类型和性能级别，且有着很大的变化范围。高频波形捕获速率的示波器将会提供更多的重要信号特性，并能极大地增加示波器快速捕获瞬时的异常信息的数量，如抖动、矮脉冲、低频干扰和瞬时误差的概率等。

数字存储示波器（DSO）使用串行处理结构，每秒可以捕获10～5000个波形。数字荧光示波器（DPO）采用并行处理结构，可以提供更高的波形捕获速率，有的高达每秒数百万个波形，大大提高了捕获间歇和难以捕捉信号的可能性，并能更快地发现并捕获瞬间出现的信号。

4）存储深度

存储深度是示波器所能存储的采样点多少的量度。如果需要不间断的捕捉一个脉冲串，则要求示波器有足够的存储空间以便捕捉整个过程中偶然出现的信号。将所要捕捉的时间长度除以精确重现信号所需的取样速度，可以计算出所要求的存储深度，也称记录长度。

在正确位置上设置触发捕捉电平，通常可以减少示波器实际需要的存储量。

存储深度与取样速度密切相关。存储深度取决于要测量的总时间跨度和所要求的时间分辨率。许多示波器允许用户选择记录长度，以便对一些操作中的细节进行优化。分析一个十分稳定的正弦信号，只需要500点的记录长度，但如果要解析一个复杂的数字数据流，则需要有100万个点或更多点的记录长度。

5）触发及其信号

示波器的触发能使信号在正确的位置开始水平同步扫描，决定着信号波形的显示是否清晰。触发控制按钮可以稳定重复的显示波形并捕获单次波形。

大多数通用示波器的用户只采用边沿触发方式，特别是对新设计产品的故障查询。先进的触发方式可将所关心的信号分离出来，从而最有效地利用取样速度和存储深度。

现今有很多示波器具有先进的触发能力，能根据由幅度定义的脉冲（如短脉冲）、由时间限定的脉冲（脉冲宽度、窄脉冲、转换率、建立/保持时间）和由逻辑状态或图形描述的脉冲(逻辑触发)进行触发。扩展和常规的触发功能组合也可以帮助显示视频和其他难以捕捉的信号,如此先进的触发能力,在设置测试过程时提供了很大的灵活性,而且能大大地简化测量工作,给使用者带来了很大的方便。

6)示波器的通道数

示波器的通道数决定了能够同时观测的信号数。在电子产品的开发和维修行业需要的是双通道示波器或称双踪示波器。如果要求观察多个模拟信号的相互关系,将需要一台4通道示波器,如图5-2-2所示。许多工作于模拟与数字两种信号系统的科研环境也考虑采用4通道示波器。还有一种较新的选择,即所谓的混合信号示波器。它将逻辑分析仪的通道计数及触发能力与示波器的较高分辨率综合到具有时间相关显示的单一仪器之中。

图5-2-2　4通道示波器

对于观测复杂的信号,屏幕更新速率、波形捕获方式和触发能力也是需要考虑的。波形捕获模式有采样模式、峰值检测模式、高分辨率模式、包络模式和平均值模式等。更新速率是示波器对信号和控制的变化反应速度的概念,而峰值检测有助于在较慢的信号中捕捉快速信号的峰值。

5.2.2　示波器的使用

示波器是用于测量波形的仪器,通过波形可以看出信号的幅度(电压)、频率、时间和相位差等参数。

1. 示波器自检

在使用示波器进行测量之前,需要对示波器进行自检,以便发现示波器自身存在的问题。示波器自检的方法非常简单,将示波器探头夹接示波器的自检参考地端,将探头挂钩钩到示波器自检信号输出端上,如图5-2-3所示,这时示波器一般能显示出自检波形,如果没有波形,则按示波器自动测量键,使示波器自动检测各通道中的信号,并在屏幕上显示,如果还是没有信号,则可能是示波器探头有问题,应该更换探头重新自检。

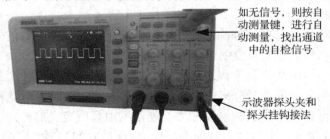

如无信号,则按自
动测量键,进行自
动测量,找出通道
中的自检信号

示波器探头夹和
探头挂钩接法

图5-2-3　示波器自检

如果示波器出现的自检信号不是标准的方波，而是如图5-2-4所示的形状，这是因为示波器探头的补偿未调节好，应调节示波器探头的补偿电容旋钮，如图5-2-4所示。

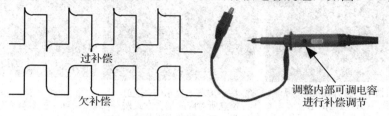

图5-2-4　示波器自检信号与补偿

2. 测量电压

测量电压实际就是观察波形的幅度，它与万用表测量电压有所差别，万用表测量的是电压的有效值，测量操作简单方便。而示波器更能体现待测信号的各种特性，可以读出信号的最大值、最小值、峰峰值、顶端值、底端值、幅度、平均值、均方根值、过冲、预冲等。操作示波器的步骤如下：

（1）将示波器探头接到需要测量的电路中，如图5-2-5所示。图中，探头夹接地，探针接到需要测量的位置，由于探头夹无法直接夹到参考地端，故需要通过导线将接地点引出。

（2）将示波器电源打开，观察示波器中测量探头所对应的通道是否打开（即该通道波形是否在液晶显示器中显示），如果没有打开，则打开该通道，如图5-2-6所示。图中，当通道打开后，通道指示灯亮。

图5-2-5　示波器探头的连接　　　　　　　　图5-2-6　打开探测通道

（3）观察示波器的波形，如果只关心交流分量，则可将耦合方式选择为交流，如果还需关心直流分量，则将耦合方式选择为直流，在测量电压时，一般选择直流耦合。选择方法如图5-2-7所示。

（4）如果图5-2-7所示波形来回闪烁移动，这是因为未选择触发方式或触发电平选择不正确，这时就需要调整触发方式，具体方法如图5-2-8所示。

（5）读取示波器显示的波形数据，一般可人工读取，通过示波器上显示的纵坐标每格表示的幅值，再读出波形在纵坐标上的格数，计算出幅值、峰值等数据。现在的数字示波器中一般带有自动测量功能，可自动测量出需要的参数值。电压的自动测量方法如图5-2-9所示。

① 按CH1按钮，打开通道1，屏幕上显示CH1通道信息。

② 按下屏幕上显示CH1通道信息所对应的耦合方式按钮，显示耦合方式菜单。

③ 旋转"菜单选择"旋钮，选择耦合方式。

④ 当选择到需要选择的耦合方式后，按压"菜单选择"旋钮进行选择确认。

⑤ 完成后，按菜单"显示/关闭"键，关闭屏幕显示的菜单。

图5-2-7　选择信号耦合方式

① 按下触发菜单按钮，屏幕显示触发选择菜单，该菜单中可选择触发信号源、边沿类型、触发方式等。

② 按下屏幕菜单边上触发源选择按钮，进入触发源选择界面。

③ 旋转"菜单选择"旋钮，选择触发源（一般选择需要稳定的波形对应的通道），当选择好后，按压"菜单选择"旋钮，确认选择的触发源。

④ 调节触发电平旋钮，将触发电平调节到合适的位置，这时波形将稳定显示在屏幕上。

图5-2-8　调整触发方式

① 按"测量"按钮 屏幕显示测量菜单，该菜单中可选择测量的信号源、电压测量、时间测量等常需测量参数。

② 按电压测量所对应的按钮，弹出电压测量各参数菜单。

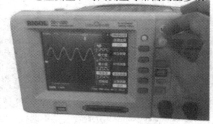

③ 旋转"菜单选择"旋钮，选择需要测量的参数，按压旋钮，确认选择的测量参数。

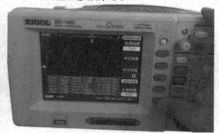

④ 按全部测量所对应的按钮，屏幕将显示示波器中各种能自动测量的参数。

图5-2-9 电压的自动测量

3. 测量时间

测量时间频率的方法与测量电压的方法类似，在稳定显示出测量波形后，同样可通过人工测量或自动测量的方法得出。人工读取时，通过示波器上显示的横坐标每格表示的时间，再读出波形一个周期在横坐标上的格数，计算出周期、频率等数据。亦可通过按钮选择需要测量的参数，操作方法与电压自动测量类似，如图5-2-10所示。

4. 测量相位

虽然有专用的相位测量仪用于测量信号之间的相位差，但是通过示波器测量两信号之间的相位差的方法在日常测量中也经常使用。将两路信号同时接入示波器，使示波器稳定显示两路波形信号，如图5-2-11所示，通过人工读出信号的周期和两个信号过零点的时间差，从而计算出两信号的相位差。

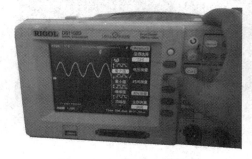

图5-2-10 时间的自动测量

图5-2-11 相位的测量

5. 捕获瞬时信号

一些非周期性的信号在某些触发条件下才会出现，而且出现的时间很短，通过停止运行按钮很难在屏幕上捕获该类信号，如设备之间的通信数据。这时就需要特定的触发条件来触发示波器运行。在外部条件触发后，示波器运行，并存储探测到的信号，达到示波器最大存储深度后，停止运行，并将捕获到的信号显示在屏幕上。其操作步骤如下：

（1）将示波器探头接到需要测量的电路中，操作方法与电压测量类似。

（2）将示波器电源打开，观察示波器中测量探头所对应的通道是否打开，操作方法与电压测量类似。

（3）选择触发方式，示波器的触发方式通常为AUTO（自动触发），这样示波器就一直扫描探测外部信号。而如果在该处选择NORMAL（正常触发），并选择触发通道，触发电平等参数，即为正常触发，如图5-2-12所示。

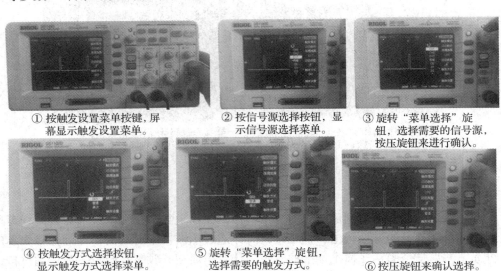

① 按触发设置菜单按键，屏幕显示触发设置菜单。　　② 按信号源选择按钮，显示信号源选择菜单。　　③ 旋转"菜单选择"旋钮，选择需要的信号源，按压旋钮来进行确认。

④ 按触发方式选择按钮，显示触发方式选择菜单。　　⑤ 旋转"菜单选择"旋钮，选择需要的触发方式。　　⑥ 按压旋钮来确认选择。

图5-2-12　选择触发模式

（4）当有外部信号达到触发条件后，示波器显示捕获的波形，如图5-2-13所示。

（5）捕获到的信号存储在示波器中，通过垂直位置调整旋钮、垂直幅度调整旋钮、水平位置调整旋钮、水平时间轴调整旋钮等观察波形的局部细节，如图5-2-14所示。

图5-2-13　捕获到的瞬时信号

图5-2-14　捕获信号的局部细节显示

5.3　信 号 发 生 器

信号发生器常用于电路调试时，给电路提供测试基准信号。它不但可产生各种常见的信号，如三角波、锯齿波、矩形波(含方波)、正弦波等，还可以对信号的输出频率、幅度、占空比、调制形式等进行控制。常见的信号发生器如图5-3-1所示。实际应用到的信号形式越来越多，越来越复杂，频率也越来越高，所以信号发生器的种类也越来越多，同时信号发生器的电路结构形式也不断向着智能化、软件化和可编程化发展。

简易信号发生器，可产生方波、三角波、锯齿波，频率范围1Hz～1MHz

可编程信号发生器，可产生矩形波(方波)、三角波、锯齿波、脉冲波、随机噪声，输出信号可调制，频率范围1Hz～100 MHz

图5-3-1　常见的信号发生器

5.3.1　信号发生器的结构特点

信号发生器的面板说明如图5-3-2所示，通过面板按键和显示器，使用者可设置波形的各种常用参数，从而使信号发生器的输出波形达到输出要求。

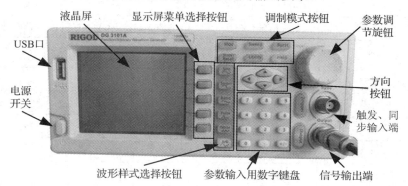

图5-3-2　信号发生器面板说明

不同的信号发生器，其性能指标不同，表5-3-1给出了图5-3-2所示信号发生器DG3101A的主要性能参数。

表5-3-1　信号发生器DG3101A的主要性能参数

	波形	Sine，Square，Ramp，Triangle，Pulse，Noise，DC，Arb
频率特性	正弦波	1 μHz～100 MHz
	方波	1 μHz～50 MHz
	脉冲	500 μHz～25 MHz
	锯齿波	1 μHz～1 MHz
	白噪声	40 MHz 带宽（–3 dB）（典型值）
	准确度(18～28)℃	90 天内 10×10^{-6}
		1 年内 20×10^{-6}
	温度系数	$< 2 \times 10^{-6}/℃$

		峰峰值 < 1 V	峰峰值 > 1 V
正弦频谱纯度	谐波失真	DC 20 kHz −70 dBc 20 kHz～100 kHz −65 dBc 100 kHz～1 MHz −50 dBc 1 MHz～10 MHz −40 dBc	−70 dBc −60 dBc −45 dBc −35 dBc
	总谐波失真	DC 20 kHz，1 V（峰峰值）<0.2%	
	寄生信号（非谐波）	DC 1 MHz < −70 dBc 1 MHz～10 MHz < −70 dBc + 6 dB/octave	
	相位噪声	10 kHz Offset −115 dBc / Hz（典型值）	
方波信号	上升/下降时间	< 5 ns（10% ～ 90%）（典型值，1 kHz，1 V（峰峰值））	
	过冲	< 2%	
	占空比	20% ～ 80%（< 25 MHz） 40% ～ 60%（（25～50）MHz） 50%（> 50 MHz）	
	不对称性（在 50% 占空比下）	周期的 1% + 5 ns	
	抖动	300 ps + 周期的 100×10^{-6}	
锯齿波	线性度	< 峰值输出的 0.1%（典型值 1 kHz，1 V（峰峰值），对称性 100%）	
	对称性	0%～100%	
脉冲信号	脉冲宽度	周期最大 2000 s：最小 8 ns，分辨率 1 ns	
	可变边沿	5 ns～1 ms	
	过冲	< 2%	
	抖动	300 ps + 周期的 100×10^{-6}	
任意波	频率范围	1 μHz ～ 25 MHz	
	波形长度	2 ～ 1024000点	
	垂直分辨率	14 bit（包含符号）	
	采样率	300 MS/s	
	最小上升/下降时间	35 ns（典型值）	
	抖动	6 ns + 30 $\times 10^{-6}$	
	非易失存储	4 个波形	

信号发生器也是电子设计制作中常用的仪器，读者在购买时同样需要考虑一些性能指标，如带宽、采样率、垂直分辨率、标准波形的数量和具体内容（通常包括正弦波、方波、脉冲波、锯齿波、噪声、指数上升和指数下降、任意波等）。其中任意波是函数发生器的一个最重要的组成部分，因为在该参数上的应用最为广泛，所以通常任意波的可输出的波形长度也是一个重要指标，还有就是调制类型，如 AM、FM、PM、ASK、PSK、PWM 等。

5.3.2　信号发生器的使用

信号发生器常用于产生各种常用的激励信号，如正弦波、方波、脉冲波、三角波等。

1. 输出正弦波

输出正弦信号时，一般需要正弦信号的频率、幅值和直流分量可以调节，操作信号发生器输出正弦波的步骤如下：

（1）将信号发生器的输出探头接到需要测试信号的电路中，红夹接信号端、黑夹接参考地。为了直观地显示出信号发生器的输出信号，可将信号发生器的输出探头接示波器的探头，这样可通过示波器直观地看到信号发生器具体的输出。

（2）按信号发生器正弦波形设置按钮，进入正弦波形设置界面，如图5-3-3所示。

图5-3-3　正弦波形设置界面

（3）按屏幕中频率（周期）对应按键，进行频率设置，如图5-3-4所示。

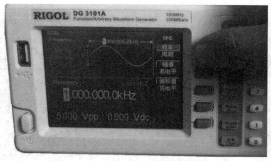

①按屏幕显示的频率/周期对应按键，
进入频率/周期参数设置。

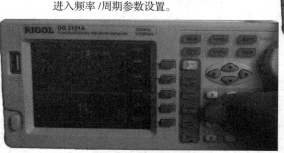

②设置参数可使用上面两图方向按钮加参数调节旋钮的方法输入参数，亦可采用左图直接用数字键盘输入的方法输入参数。

图5-3-4　设置正弦信号频率

（4）通过步骤（3）类似的方法设置信号幅度和偏移量，如图5-3-5所示。

（5）设置好各项参数后，按OUTPUT（输出）按钮，信号从探头输出，如图5-3-6所示。

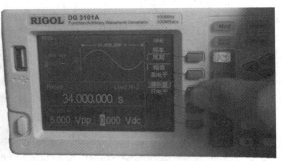

(a) 幅度设置　　　　　　　　　　　　　(b) 偏移量设置

图5-3-5　设置信号幅度和偏移量

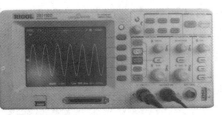

(a) 允许信号发生器输出设置信号　　　　　(b) 示波器检测到的输出波形

图5-3-6　输出正弦波信号

2. 输出矩形波

使用信号发生器输出矩形波的方法与输出正弦波的方法类似，将信号发生器切换到矩形波输出模式即可，如图5-3-7所示。

在设置界面中可设置信号频率/周期、幅值、偏移量、占空比(默认值为50%，即方波输出，如不是方波，可修改占空比)等参数。参数的设置方法与正弦波设置类似，不再复述。

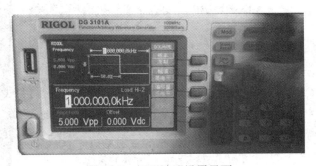

图5-3-7　矩形波形设置界面

当参数设置好后，按OUTPUT（输出)按钮，信号将从探头输出，其输出波形可通过示波器观察，如图5-3-8所示。

(a) 信号发生器输出设置信号　　　　　　(b) 示波器观察到的输出信号

图5-3-8　输出矩形波信号

3. 输出三角波

将信号发生器切换到三角波输出模式即可输出三角波,如图5-3-9所示。在设置界面中可设置信号频率/周期、幅值、偏移量、对称性(默认值为50%,即标准三角波)等参数。设置完毕后,按OUTPUT(输出)按钮输出信号。

图5-3-9 三角波形设置界面

4. 输出脉冲波

将信号发生器切换到脉冲波输出模式即可输出脉冲波,如图5-3-10所示。在设置界面中可设置信号频率/周期、幅值、偏移量、占空比、边沿时间等参数。设置完毕后,按OUTPUT(输出)按钮输出信号。

5. 输出白噪声

将信号发生器切换到白噪声输出模式即可输出白噪声,如图5-3-11所示。在设置界面中可设置信号幅值、偏移量等参数。设置完毕后,按OUTPUT(输出)按钮输出信号。

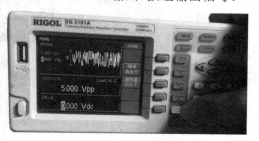

图5-3-10 脉冲波形设置界面　　　　图5-3-11 白噪声设置界面

6. 输出调制波

信号发生器还可以输出调制波形,如在正弦信号基础上再通过正弦波调制后输出正弦调制波形,按信号发生器MOD键进入调制波形设置界面,如图5-3-12所示,

在设置界面中可以设置调幅频率、调制深度、调制类型、调制波形和信源选择等参数,其参数设置方法与正弦波参数设置方法类似。当参数设置完毕后,按OUTPUT(输出)按钮输出信号。通过示波器可以观察其输出波形,如图5-3-13所示。

图5-3-12 调制波形设置界面　　　　图5-3-13 示波器观察到的调制波形

5.4 LCR 数字电桥

LCR数字电桥用于测量电感、电容、电阻的参数,故又称为LCR参数测试仪。

5.4.1 LCR数字电桥的结构特点

图5-4-1是一款LCR数字电桥AT2816A的面板，该数字电桥采用了高性能32位ARM微处理器控制，是一台全自动实时检测的微型台式仪器。仪器可以选择10 Hz ～ 300 kHz的超过十万个测试频率，并可选择(0.01 ～ 2.00) V以0.01 V步进的测试信号电平，可自动测量电感量L、电容量C、电阻值R、复阻抗Z、品质因数Q、损耗角正切值D、相位角θ（度）和相位φ（弧度）。

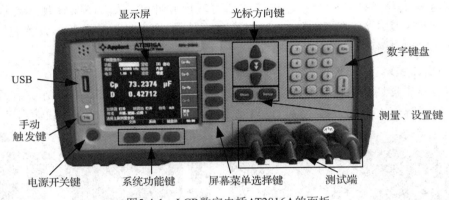

图5-4-1 LCR数字电桥AT2816A的面板

该数字电桥可测量C_s-R_s、C_s-D、C_p-R_p、C_p-D、L_p-R_p、L_p-Q、L_s-R_s、L_s-Q、G-B、R-X、Z-θ_r、Z-θ_d等参数。其中，L为电感，C为电容，R为电阻，Z为阻抗，X为电抗，B为电纳，G为电导，D为损耗，θ为相位角，Q为品质因数，下标s表示串联等效，p表示并联等效。

实际的电容、电感和电阻都不是理想的纯电抗和纯电阻的元件，通常电阻和电抗成分同时存在。一个实际的阻抗元件均可由理想的电阻器与理想的电抗器(电感或电容)用串联或并联形式来模拟，如表5-4-1所示。

表5-4-1 串并联等效电路

电路形式		损 耗 D	等效方式转换
L	L_p / R_p（并联）	$D=2\pi fL_p/R_p=1/Q$	$L_s=L_p/(1+D^2)$ $R_s=R_pD^2/(1+D^2)$
	L_s R_s（串联）	$D=R_s/2\pi fL_s=1/Q$	$L_p=(1+D^2)L_s$ $R_p=(1+D^2)R_s/D^2$
C	C_p / R_p（并联）	$D=1/2\pi fC_pR_p=1/Q$	$C_s=(1+D^2)C_p$ $R_s=R_pD^2/(1+D^2)$
	C_s R_s（串联）	$D=2\pi fC_sR_s=1/Q$	$C_p=C_s/(1+D^2)$ $R_p=R_s(1+D^2)/D^2$

　　通常，对于阻抗值Z较低的元件(例如高值电容和低值电感)使用串联等效电路，反之，对于阻抗值Z较大的元件(低值电容和高值电感)使用并联等效电路。同时，也需根据元器件的实际使用情况而决定其等效电路，如对电容器，用于电源滤波时使用串联等效电路，而用于LC振荡电路时使用并联等效电路。

5.4.2　LCR数字电桥的使用

　　LCR数字电桥的使用方法与万用表的使用方法类似，两个红黑探头夹相当于万用表的两个红黑表笔，将需要测量的元器件用探头夹夹住即可，如图5-4-2所示。

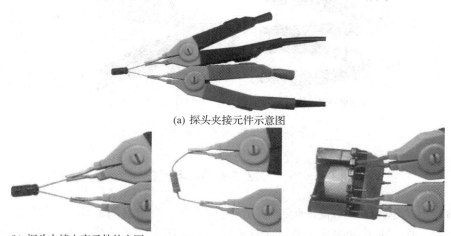

(a) 探头夹接元件示意图

(b) 探头夹接电容元件放大图　(c) 探头夹接电阻元件放大图　(d) 探头夹接电感元件放大图

图5-4-2　LCR数字电桥探头夹接不同测量元件

　　打开电源开关，按仪器的测量按键，进入测量参数选择界面，通过屏幕菜单选择按键在电阻、电容和电感三类参数之间切换，如图5-4-3所示。

(a) 按测量键进入测量参数选择菜单　(b) 按屏幕菜单选择键进行测量参数切换

图5-4-3　测量参数类型选择

　　当切换到所需的测量界面时，使用屏幕菜单选择键切换到需要测量的参数，如图5-4-4所示，该界面选择的是测量电阻的串联阻抗参数。

　　数字电桥与万用表相比，它的测量精度更高，它甚至可以测量一段导线的电阻值，如图5-4-5所示，图中分别测量了一段焊锡丝的阻值和两探头夹短接的阻值。由图可

图5-4-4　测量参数选择

以看出，使用数字电桥测量小阻抗是一个不错的选择。

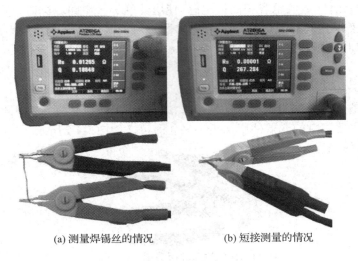

(a) 测量焊锡丝的情况　　　　　(b) 短接测量的情况

图5-4-5　数字电桥测量小阻抗

5.5　逻 辑 分 析 仪

逻辑分析仪是数字电路设计验证与调试过程中公认最出色的工具，它能够检验数字电路是否正常工作，并帮助用户查找并排除故障。它每次可捕获并显示多个信号，分析这些信号的时间关系和逻辑关系。对于调试难以捕获的、间断性故障，某些逻辑分析仪还可以检测低频瞬态干扰，以及是否违反建立或保持时间。在软硬件系统集成中，逻辑分析仪可以跟踪嵌入软件的执行情况，并分析程序执行的效率，便于系统最后的优化。另外，某些逻辑分析仪可将源代码与设计中的特定硬件活动相互关联。

5.5.1　逻辑分析仪的结构特点

逻辑分析仪如图 5-5-1 所示，该逻辑分析仪没有显示器和操作面板，通过 USB 接口由计算机显示器显示波形，由键盘和鼠标输入参数。

图5-5-1　DSO3062AL逻辑分析仪

图5-5-1所示的仪器不仅具有逻辑分析仪功能，还具有示波器、任意波信号发生器、

FFT 频谱分析、频率计等功能。表 5-5-1 给出了图 5-5-1 所示 DSO3062AL 逻辑分析仪的性能参数。

表 5-5-1　DSO3062AL 逻辑分析仪的性能参数

规格	DSO3062AL
通道	16
最大输入阻抗	200 kΩ（C =10 pF）
输入电压范围/V	−60～60
逻辑门范围/V	−8～8
最大采样率/MHz	100
带宽/MHz	10
兼容输入	TTL，LVTTL，CMOS，LVCOMS，ECL，PECL，EIA
存储深度/(M/CH)	16

5.5.2　逻辑分析仪的使用

1. 逻辑探头与被测系统(DUT)相连

在使用逻辑分析仪测试时，首先选择合适的逻辑探头与被测系统(DUT)相连，探头利用内部比较器将输入电压与门限电压相比较，确定信号的逻辑状态(1 或 0)。门限值由用户设定，范围由逻辑分析仪本身决定，常用的逻辑电平为 TTL 电平、CMOS 电平和 ECL 电平等。

逻辑分析仪的探头有各种各样的形状、大小，用户可以根据自己的需要，选择合适的探头。常用的探头有用于点到点故障查找的"夹子状"，也有用于电路板上专用的高密度、多通道型。逻辑探头应能够捕获高质量的信号，并且对被测系统的影响最小。另外，逻辑分析仪的探头应能提供高质量信号并传递给逻辑分析仪，并且对被测系统造成的负载最小，而且要适合与电路板及设备以多种方式连接。

2. 设置时钟模式和触发条件

在逻辑分析仪与被测系统连接好之后，需要设置时钟模式与触发条件。逻辑分析仪的数据捕获方式不同于示波器，它有两种捕获方式，分别是异步捕获(用于获取信号的时间信息)和同步捕获(用于获取被测系统的状态信息)。其中异步捕获更类似于示波器的数据捕获方式，采样率、波形捕获率等概念都与示波器的相关概念类似。

1）异步捕获模式

在这个模式中，逻辑分析仪用内部时钟进行数据采样，采样速度越快，测试分辨率越高。采样速率对于异步定时分析非常重要，例如，当采样间隔为 2 ns 时，即每隔 2 ns 捕获新的数据存入存储器中，在采样时钟到来之后改变的数据不会被捕获，直到下一个采样时钟到来，由于无法确定 2 ns 中数据是否发生变化，所以最终分辨率是 2 ns。这种异步捕获模式常用在目标设备与分析仪捕获的数据之间没有固定的时间关系，而且被测系统的信号间时间关系为主要考虑因素时，通常使用这种捕获模式。

2）同步捕获模式

同步捕获模式是用一个源自被测系统的信号做采样时钟信号，这种模式中用于捕获确定时间的信号，可以是系统时钟、总线控制信号或一个引发被测系统改变状态的信号。逻辑分析仪在外部时钟信号的边缘采样，采到的数据代表逻辑信号稳定时被测电路所处的状态。对于引入的时钟信号是有限制的，一般要小于某一固定频率，这一频率被称为逻辑分析仪的最大状态速率，有的厂家称之为逻辑分析仪的带宽。在这种模式下，不考虑两个时钟事件之间的状态。

3）设置触发方式

触发方式的区别是逻辑分析仪与示波器的另一项重要区别。示波器同样配有触发器，但对于多通道的二进制信号而言，示波器的触发功能受限。相反，逻辑分析仪中可以对各种逻辑条件进行触发。触发的目的在于为逻辑分析仪设定什么时候开始捕获数据和捕获哪些数据，使逻辑分析仪跟踪被测电路的逻辑状态，并在被测系统中用户定义的事件处触发。不同厂家的逻辑分析仪有着各种的不同触发条件的设定，可以分为两大类：对单一通道的触发条件的设定和对通道间触发条件的设计。单一通道的触发类似于示波器的触发。例如，高/低电平触发，上升沿/下降沿触发，脉冲宽度触发等触发方式。而通道间的逻辑触发对于逻辑分析仪而言更为重要，因为逻辑分析仪主要用来观察通道间的逻辑关系以及逻辑状态。通道间的逻辑触发也可分为两大类：

一类为单纯为每一通道设置触发条件，例如，当1、2通道为高电平，3、4通道为低电平，5通道为上升沿时触发。另一类称为码型触发或事件触发，例如，8根信号线可以看成8 bit的码型（事件），这8 bit可以用十六进制或二进制表示，设置值为0A（十六进制）时触发，即为码型触发。另外，有些厂家有更高级的按阶层触发，普通的码型触发即可以看作一阶触发，另外还有二阶、三阶触发，这些触发对于数字电路中包头和包尾的识别非常有用。

3. 捕获被测信号

逻辑分析仪探头、触发器和时钟系统均用于为实时捕获存储器传递数据。该存储器是测量仪的中心——不仅是来自被测系统的所有采样数据的最终目的地，也是测量仪进行分析和显示的数据源。选择逻辑分析仪时，通道数和存储深度是非常重要的指标。为了决定逻辑分析仪的通道数和存储深度，首先确定要对多少信号进行捕获与分析。逻辑分析仪的通道数应与需捕获的信号数相对应。数字系统总线具有各自不同的宽度，通道数一般为总线宽度的3～4倍（数据线+地址线+控制线+时钟）。例如，对一个8位的数字系统进行测试，32通道的逻辑分析仪比较合适，要确保考虑到需同时捕获的所有信号的总数。其次，确定捕获操作将持续多长时间？这一步决定逻辑分析仪的存储深度，例如，采样间隔为1 ns时，存储1 s，存储深度为1 m。存储深度越长，发现错误的几率越大。

4. 分析与显示捕获的数据

存储于实时捕获存储器中的数据可用于各种显示和分析模式。一旦数据在系统中存储，它就能够被以各种不同的格式查看，如时间波形与二进制代码等。对于大多数的测试需要，用户都比较习惯于使用总线形式显示捕获的数据，而且，一般的逻辑分析仪可以同时观察几组并行总线，并观察它们之间的数据关系，了解逻辑代码的真正用意。在使用逻辑分析仪观察并行总线时，一般都会先观察同步状态数据，如果状态数据存在问题，应再观察异步时钟数据，寻找问题所在。另外，有些逻辑分析仪，例如OLA2032B还有类似于某些示波器的波形搜索功能，更加方便分析已捕获的数据。

习　题

5-1　用万用表测量交流电压和直流电压时需注意什么？在测量高压电路时，需注意哪些问题？

5-2　用万用表测量小阻值电阻时，怎样使测量结果更加准确？

5-3　用万用表测量电流时需要注意什么？

5-4　简述示波器的工作原理。可不可以用两个两通道的示波器同时测量四个模拟信号，且要求四个信号时间同步？

5-5　怎样用示波器捕获瞬时信号？在不同采样速率情况下，捕获后观察局部信号特征是否不同？

5-6　试着用信号发生器产生1 kHz、2 V正弦信号，并在该信号基础上叠加2 V直流分量。

5-7　试着用信号发生器产生1 MHz、2 V正弦信号，并在该信号基础上使用AM方式调制一1 kHz正弦信号。

5-8　试着用LCR数字电桥测量电容、电阻、电感，对比与万用表测量结果的差异。

5-9　可不可以用LCR数字电桥测量小容量的电容或电感（如20 pF、1 nH）？为什么在射频场合无法使用LCR数字电桥测量元器件？

5-10　简述逻辑分析仪的用途。采样频率、采样深度对逻辑分析仪有什么影响？

第6章 电路调试

电路调试是电子系统设计进入调试阶段的第一步，它是后续能否制作出成品的重要一环。它涉及的内容较多，如需检测元器件参数是否合格，是否焊接正确，性能是否正常；电路板线路是否正确；电源电压是否正常；信号采集电路是否能够采集到需要信号，处理电路是否达到设计的处理要求；信号输出是否达到设计要求；带有智能处理芯片的电路的程序是否编写正确；电路安全是否达到要求等。总之，电路调试是一个复杂的过程，对设计者的电路理论水平和实际动手操作水平都是一个挑战与提高。

6.1 常用电子元器件检测方法

常用的电子元器件在焊接前需要抽样检查，焊接后，当调试电路时，如果怀疑某个元器件有问题，可将该元器件拆卸后进行测试，以判断故障点。对于一般常用的元器件，采用万用表检测即可，对于特殊的元器件可能需要专用的检测设备。

6.1.1 电阻的检测

检测电阻时，将万用表打到电阻挡，如果为手动调整量程的万用表，需根据电阻的阻值调到合适的挡位，将两表笔分别接在电阻两个引脚上，如图6-1-1所示。如果万用表显示的读数在电阻器标准参数阻值的误差范围内，则该电阻合格，否则就有问题，需进行更换。对于电阻而言，一般损坏时阻值为无穷大。

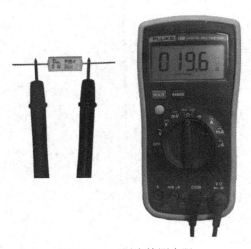

图6-1-1　万用表检测电阻

6.1.2　电位器的检测

检测电位器时，将万用表打到电阻挡，如果为手动调整量程的万用表，需根据电阻的阻值调到合适的挡位，将两表笔分别接在电位器两个固定引脚（定片引脚）上，先测量电位器的总阻值是否与标称阻值相同，如图6-1-2（a）所示。若测得的阻值为无穷大或超出最大误差范围，则说明该电位器已开路或调节端损坏。然后再将两表笔分别接电位器中心（动片引脚）与两个固定端中的任一端（定片引脚），如图6-1-2（b）所示，慢慢转动电位器手柄，使其从一个极端位置旋转至另一个极端位置，正常的电位器，万用表显示的电阻值应从标称阻值（或0Ω）连续变化至0Ω（或标称阻值）。整个电位器旋钮转动过程中，显示器阻值应平稳变化，而不应有任何突变的现象。若在调节电阻值的过程中，显示在某个位置有跳动现象，则说明该电位器存在接触不良的故障。

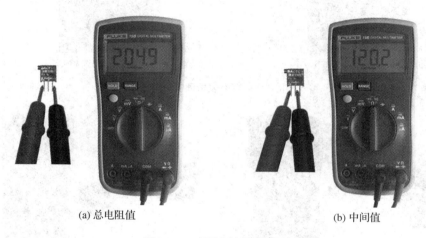

(a) 总电阻值　　　　　　　　　　　　　　　　　　(b) 中间值

图6-1-2　万用表检测电位器

如果电位器为双联电位器，则需要分别测量该电位器中两组电位器的阻值变化情况，如果电位器带有开关，则还需测量开关的通断情况。

6.1.3　敏感电阻的检测

对敏感类电阻进行检测时，需要根据其敏感条件施加敏感源，改变敏感源的大小，观察其阻值变化情况。

1. 热敏电阻的检测

检测热敏电阻时，将万用表打到电阻挡，两表笔分别接热敏电阻的引脚两端，观察其阻值大小。如果热敏电阻的体温接近于室温（25℃），则测量到的电阻值应接近于其标称值，如图6-1-3所示，将热敏电阻靠近热源（如加热的烙铁头），观察其阻值变化情况，如为负温度系数热敏电阻，则电阻值比室温小，如为正温度系数热敏电阻，则阻值比室温大。

2. 光敏电阻的检测

检测光敏电阻时，将万用表打到电阻挡，两表笔分别接光敏电阻的引脚两端。将光敏电阻的敏感面放在正常光线环境中，观察其阻值大小，如图6-1-4所示；再将光敏电阻的敏感面用黑胶带覆盖，观察万用表测量值；再将光敏电阻的敏感面正对LED灯的光线，观察万用表测量值，这三个测量值的大小应相差较大。

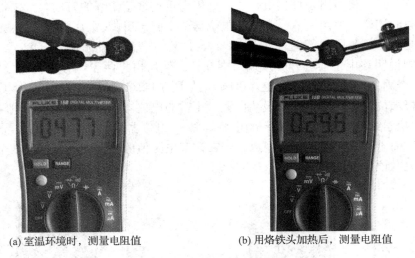

(a) 室温环境时，测量电阻值   (b) 用烙铁头加热后，测量电阻值

图6-1-3 万用表检测热敏电阻

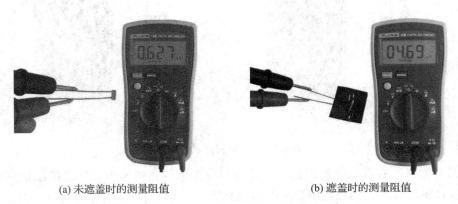

(a) 未遮盖时的测量阻值   (b) 遮盖时的测量阻值

图6-1-4 万用表检测光敏电阻

6.1.4 电容的检测

采用LCR数字电桥可准确测量电容的容量，带有电容测量功能的万用表亦可测量电容器的电容值，如果万用表没有电容测量挡，则可用电阻挡简单判断其好坏。如需检测电容器的耐压情况，需使用高压发生器来产生电容的标称耐压，并对其进行加压测试。

1. 用LCR数字电桥直接检测

在测量电容前，必须将待测电容完全放电。使用LCR数字电桥的表笔夹将待测电容的引脚夹起，打开LCR数字电桥电源，调到电容测量模式，读取测得电容的参数，如图6-1-5所示。如果测得电容的容量在电容标称值误差范围内，则该电容合格。比较电容容量时，一般是看容量是否小于标称值，即负偏差的范围是否在误差范围内，正偏差一般较少考虑。因为电容，特别是含电解质的电容，随着电解质的挥发，容量会变小，故厂商在制造时一般会使容量大一些，以保证电容的使用寿命。

表笔夹夹接图   LCR数字电桥测量值

图6-1-5 LCR数字电桥测量电容

2. 用电容挡直接检测

某些数字万用表具有测量电容的功能，其量程分为2000 pF、20 nF、200 nF、2 μF和20 μF五挡。测量前必须将待测电容完全放电，将万用表红表笔插入电容测量插孔（一般与测量电阻、电压的插孔共用），将待测电容的正负极分别接到红黑表笔上，等待一段时间，观察测得的数值，如图6-1-6所示。由于是采用充放电多次测量求平均的方法，故测量时间较长，对于手动挡的万用表，测量者已选好挡位，时间较短，大约30 s能够稳定显示，而对于自动挡的万用表，它需来回自动切换挡位，故稳定时间较长，大约50 s能够稳定显示，同时，容量越大时间越长，因此，对于自动挡的万用表，笔者建议读者使用测量范围选择键，选择测量挡位。

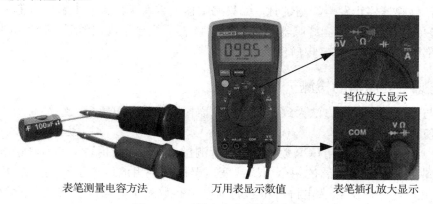

挡位放大显示

表笔测量电容方法   万用表显示数值   表笔插孔放大显示

图6-1-6 万用表电容挡测量电容

在实际测量时，有些型号的数字万用表在测量50 pF以下的小容量电容器时误差较大，测量20 pF以下电容几乎没有参考价值。此时可采用并联法测量小值电容。方法是：先找一只220 pF左右的电容，用数字万用表测出其实际容量$C1$，然后把待测小电容与之并联测出其总容量$C2$，则两者之差（$C1 - C2$）即是待测小电容的容量。用此法测量(1 ~ 20) pF的小容量电容比较准确。

3. 用蜂鸣挡检测

利用数字万用表的蜂鸣挡，可以快速检查电解电容器的质量好坏。测量方法如图6-1-7所示。将数字万用表拨至蜂鸣挡，将两支表笔分别与被测电容器的两个引脚接触，应能听到一阵短促的蜂鸣声，随即声音停止，同时显示溢出符号"0.L"，不同的万用表显示可能不同。接着，再将两支表笔对调测量一次，蜂鸣器应再发声，最终显示溢出符号

"0.L"，此种情况说明被测电解电容基本正常。此时，再用电阻挡测量一下电容器的漏电阻，如显示溢出符号"0.L"，即可判断其正常。

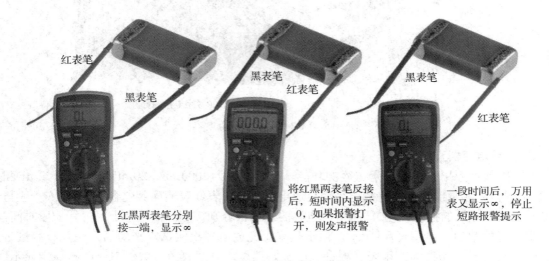

图6-1-7　万用表蜂鸣挡检测电容好坏

上述测量过程的原理是：测试刚开始时，仪表对电容的充电电流较大，相当于通路，所以蜂鸣器发声。随着电容器两端电压不断升高，充电电流迅速减小，直至几乎为0，相当于断路，蜂鸣器停止发声。测试时，如果蜂鸣器一直发声，说明电解电容器内部已经短路；若反复对调表笔测量，蜂鸣器始终不响，仪表总是显示溢出符号"0.L"，则说明被测电容器内部断路或容量消失（电解液泄漏完）。

6.1.5　电感、变压器的检测

电感与变压器的检测方法大致相同，常见需检测参数是电感量、绕组通断情况和变压器的耐压值。

对于电感量，需要采用LCR数字电桥进行测量，一般的万用表不具有测量电感量的功能。其测量方法是，将电感的两个引脚或变压器同一绕组的两个引脚接到LCR数字电桥的表笔夹上，打开LCR数字电桥，将其调到电感参数测量界面，观察显示的测量值，如图6-1-8所示。如果显示为无穷大，则可能表笔未夹好或绕组内部断路。

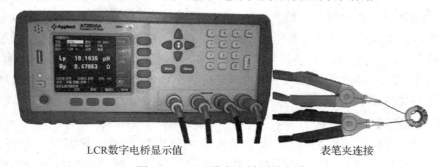

图6-1-8　LCR数字电桥测量电感

对于变压器而言，需要将各个绕组的电感量都测量一遍，用于判断是否有绕组损坏。

由于两绕组之间的电感量比值与匝数比值一致，即可根据各绕组间电感量的比值判断是否有某个绕组多绕或少绕匝数。

如果只需简单判断电感的好坏，则使用万用表的电阻挡进行测量即可，如图6-1-9所示，如果测量到电阻为无穷大则电感线圈损坏，如果测量到电阻较小则电感线圈未损坏，测量到的电阻值与线圈的长度和线径相关，与电感量无关，更与电感的体积无关，故有时很大体积的电感其阻值可能很小，而有时很小体积的电感其阻值可达几百欧姆。

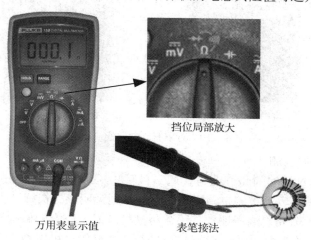

挡位局部放大

万用表显示值　　　　　　表笔接法

图6-1-9　使用万用表电阻挡判断电感好坏

对于变压器而言，除了需测量电感量外，在一些特殊应用中，还会对变压器的隔离度有要求，这时就需要对变压器的绝缘强度进行测试，需要用一台高压发生器，将变压器的初次级的一端分别接到高压发生器的输出端上，将高压发生器设置到需要产生的高压值，观察漏电流情况。一般如果漏电流达到10 mA，高压发生器会自动切断输出，则该变压器不合格。

6.1.6　二极管的检测

二极管的种类非常多，根据不同类型二极管的特点，可适当调整其测量方法，常见二极管的检测方法如下。

1. 普通二极管的检测

普通二极管(检波二极管、整流二极管、阻尼二极管、开关二极管、续流二极管)是由一个PN结构成的半导体器件，具有单向导电特性。通过使用万用表二极管检测挡判断二极管的导通特性，可以判别出二极管的极性，还可估测出二极管是否损坏。

在该丛书《元器件识别与选用》一书中已讲解通过二极管上的标识判断二极管极性的方法，即画标识线的一端为N极，另一端为P极。打开万用表，将挡位调到二极管检测挡，将万用表红表笔接P极，黑表笔接N极，这时万用表应显示0.7左右的一个数值，如图6-1-10（a）所示。然后，将两表笔互换，红表笔接N极，黑表笔接P极，这时万用表应显示无穷（即溢出标识符".0L"），如图6-1-10（b）所示。同理，将表笔互换测量二极管引脚两次，即可判断出P、N极（显示0.7左右数值时，红表笔对应P极，黑表笔对应N极）。

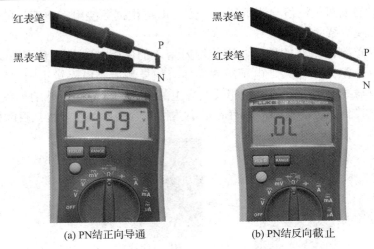

(a) PN结正向导通   (b) PN结反向截止

图6-1-10　万用表判断普通二极管

2. 稳压二极管的检测

稳压二极管P、N极的判断方法与普通二极管P、N极的判断方法一致。需注意的是，如果在测量时，红黑表笔互换测量结果均为无穷，则说明该二极管已击穿或开路损坏。

稳压二极管除了需要检测极性外，还需测量稳压值。在测量稳压值时，需使用一线性(0~30) V连续可调直流电源，对于12 V以下的稳压二极管，可将稳压电源的输出电压调至15 V，将电源正极串接1只1.5 kΩ限流电阻后与被测稳压二极管的N极相连接，电源负极与稳压二极管的P极相接，再用万用表测量稳压二极管两端的电压值，所测的读数即为稳压二极管的稳压值，如图6-1-11所示。若稳压二极管的稳压值高于15 V，则应将稳压电源调至20 V以上。

3. 发光二极管的检测

发光二极管的检测方法非常简单，与普通二极管的检测方法类似。将万用表打到二极管检测挡，将两表笔分别接发光二极管的两引脚上，如果发光二极管亮，则红表笔连接的引脚为P极，黑表笔连接的引脚为N极，这时万用表读数在1.7 V左右，如图6-1-12所示。如果发光二极管不亮，万用表读数为无穷，则将两表笔互换，如果互换后还是不亮，则发光二极管可能损坏。

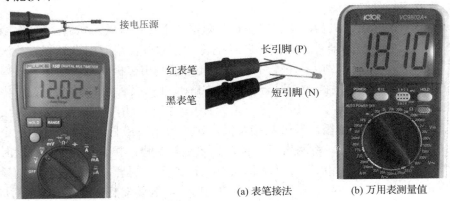

(a) 表笔接法   (b) 万用表测量值

图6-1-11　稳压二极管稳压值的测量   图6-1-12　万用表判断发光二极管

也可用3 V直流电源，在电源的正极串接1只100Ω电阻后接发光二极管的正极，将电源的负极接发光二极管的负极，如图6-1-13所示，正常的发光二极管应发光。需注意的是，必须串联一个电阻，否则会损坏发光二极管。

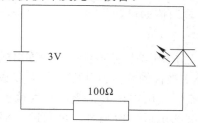

图6-1-13　使用电源判断发光二极管

4. 红外发光二极管的检测

红外发光二极管的检测方法与发光二极管的检测类似，只是红外发光二极管发的光无法用肉眼观察。这时，只能通过观察万用表的读数判断红外发光二极管的极性，如图6-1-14所示。当万用表显示1 V左右电压时，红表笔端为P极，黑表笔端为N极。

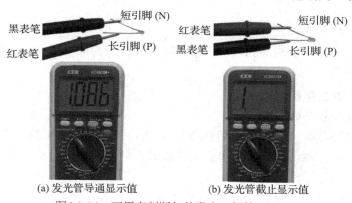

(a) 发光管导通显示值　　　(b) 发光管截止显示值

图6-1-14　万用表判断红外发光二极管

5. 光敏二极管的检测

光敏二极管是一种接收红外光线的元件，它的检测方法与红外发光二极管部分类似。将万用表打到二极管检测挡，将两表笔分别接光敏二极管的两引脚，如果万用表读数显示0.2 V左右，则用手捏住光敏二极管的接受头部分，这时万用表读数增大，约为2.1 V左右，如图6-1-15所示。此时，万用表红表笔接的是光敏二极管的N极，黑表笔接的是光敏二极

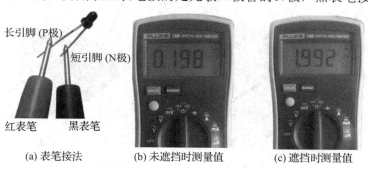

(a) 表笔接法　　　(b) 未遮挡时测量值　　　(c) 遮挡时测量值

图6-1-15　万用表判断光敏二极管

管的P极，刚好与发光二极管相反。如果读数为无穷大，则将表笔互换后测试，如果来回互换后测量都为无穷大，则光敏二极管损坏。

上述提及的具体电压值的大小与光敏二极管的灵敏度和接收到红外光线强度相关。读者在具体测试时，只要显示电压值即可。

6. 桥堆的检测

桥堆分为半桥和全桥，它是由多个普通整流二极管组成，故其检测方法与普通二极管相同，只要知道其内部几个二极管的连接方法即可。大多数的整流全桥上，均标注有"+"、"−"、"~"符号（其中"+"为整流后输出电压的正极，"−"为输出电压的负极，"~"为交流电压输入端），很容易确定出各引脚的电极。检测时，可通过分别测量"+"极与两个"~"极、"−"极与两个"~"之间的各个整流二极管的正、反向电阻值（与普通二极管的测量方法相同）是否正常，即可判断该全桥是否已损坏。若测得全桥内一只二极管的正、反向电阻值均为0或均为无穷大，则可判断该二极管已击穿或开路损坏。

半桥是由两只整流二极管组成，通过用万用表分别测量半桥内部的两只二极管的正、反向电压是否正常，则可判断出该半桥是否正常。

6.1.7 三极管的检测

三极管内部由两个PN节组成，按PN节不同接法，分为NPN型三极管和PNP型三极管，其检测判断步骤如下。

1. 使用万用表二极管挡检测

1）判别基极和管子的类型

三极管基极的判别：根据三极管的结构示意图，我们知道三极管的基极是三极管中两个PN结的公共极，因此，在判别三极管的基极时，只要找出两个PN结的公共极，即为三极管的基极。

将万用表打到二极管检测挡，先用红表笔接一个管脚，黑表笔接另一个管脚，测量两表笔之间的电压降，如此反复在三极管三个引脚之间寻找存在电压降的地方。如果红表笔接一引脚不动，黑表笔分别接另两引脚，且都存在电压降，则该管为NPN三极管，红表笔对应的引脚为基极。如果黑表笔接一引脚不动，红表笔分别接另两引脚，且都存在电压降，则该管为PNP三极管，黑表笔对应的引脚为基极。具体示意如图6-1-16所示。

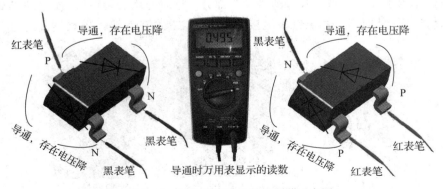

图6-1-16　三极管类型及基极判断示意图

2）判别集电极和发射极

将万用表拨到电阻挡，用手将基极分别和另两只引脚捏着，测量两种捏法的未知两引脚之间的电阻，即集电极和发射极的电阻。观察哪种捏法的测量电阻较小，较小捏法的未知引脚即为发射极。较大捏法的未知引脚即为集电极，如图6-1-17所示。

 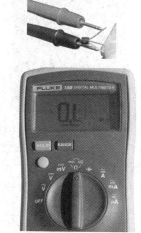

(1) 基极与发射极跨接电阻测量 　　　　　(2) 基极与集电极跨接电阻测量

图6-1-17　三极管极性判断示意图

2. 使用万用表三极管专用挡检测

在某些型号的数字万用表中配有三极管专用检测插孔，如图6-1-18所示，它有两种类型，一种为检测PNP型三极管，另一种为检测NPN型三极管。

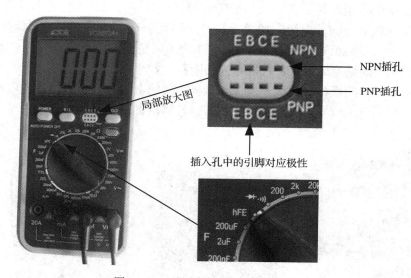

图6-1-18　万用表的三极管检测插孔

在检测时，可先假设管子为某种类型，如NPN型。将三极管的三只引脚随机插入NPN型三极管检测的插孔中，如果显示电流放大系数β值，则插孔中的引脚对应名称为插孔边上标识的名称，如图6-1-19所示。

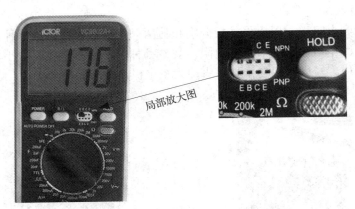

图6-1-19   三极管极性检测方法

如果三极管插入插孔后显示为无穷或零，则更换三只引脚插入插孔的位置。如果6种可能情况全部试过，都不匹配，则更换插孔的类型，将三极管插入另一种类型检测插孔，例如PNP型，如果6种可能情况全部试过，还是不匹配，则该管可能损坏或不是三极管。

6.1.8   场效应管的检测

MOS场效应管的输入电阻高，栅极G允许的感应电压不应过高，所以不要直接用手去捏栅极，必须用手握螺丝刀的绝缘柄，用金属杆去碰触栅极，以防止人体感应电荷直接加到栅极，引起栅极击穿。

使用万用表测量场效应管的源极与漏极、栅极与源极、栅极与漏极之间的电阻值同场效应管手册标明的电阻值是否相符来判别管的好坏。具体方法：首先将万用表置电阻挡，测量源极S与漏极D之间的电阻，通常在几百欧到几十千欧范围（在手册中可知，各种不同型号的管子，其电阻值是各不相同的），如果测得阻值大于正常值，可能是由于内部接触不良；如果测得阻值是无穷大，可能是内部断路；如果测得阻值是几欧姆或为零，可能是内部短路损毁。再测栅极与源极、栅极与漏极之间的电阻值，当测得其各项电阻值均为几十千欧以上或无穷大，则说明管子是正常的；若测得上述各阻值太小或为通路，则说明管子是坏的，如图6-1-20所示。

(a) 分别测量两个引脚   (b) 读数大，器件正常，   (c) 读数较小，器件
未损坏   可能损坏

图6-1-20   万用表检测MOS场效应管

6.1.9 机电元件的检测

1. 继电器的检测

电磁继电器的检测包括线圈检测和触点检测。

在检测电磁继电器的线圈时，万用表选择电阻挡，测量线圈两引脚之间的电阻，正常阻值应为 $2\,\Omega \sim 25\,k\Omega$，如图6-1-21所示。一般电磁继电器线圈额定电压越高，线圈电阻越大。若线圈电阻为∞，则线圈开路；若线圈电阻小于正常值或为 $0\,\Omega$，则线圈存在短路故障。

图6-1-21　万用表检测电磁继电器的线圈

电磁继电器的触点包括常开触点和常闭触点，在检测电磁继电器的常闭触点时，万用表选择电阻挡，正常阻值应为 $0\,\Omega$，如图6-1-22所示；若常闭触点阻值大于0或为∞，说明常闭触点已经氧化或开路。再测量常开触点间的电阻，正常阻值应为∞，若常开触点阻值为 $0\,\Omega$，说明常开触点短路。

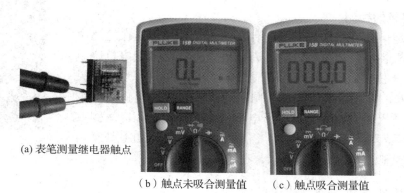

(a) 表笔测量继电器触点

（b）触点未吸合测量值　　　（c）触点吸合测量值

图6-1-22　万用表检测电磁继电器的触点

将电磁继电器的线圈加上工作电压，这时继电器应吸合，如不吸合，则吸合机构故障。再次用万用表电阻挡测量常闭触点的电阻值，这时正常阻值应为∞，如图6-1-22所示；若常闭触点阻值不为∞，说明吸合机构故障。再测量常开触点间的电阻，正常阻值应为0 Ω，若常开触点阻值大于 $0\,\Omega$，说明吸合机构故障或常开触点氧化。

2. 开关的检测

对于开关而言，主要检测开关的状态和接触电阻。选择万用表电阻挡，测量开关断开时两引脚之间的电阻值，应为∞，再将开关闭合，测量两引脚之间的电阻值，应为0 Ω，如图6-1-23所示。如果不是这两种测量值，则该开关存在问题。

(a) 开关状态为关闭时的阻值　　(b) 开关状态为打开时的阻值

图6-1-23　万用表检测开关

3. 干簧管的检测

干簧管是利用磁场来改变其通断状态的，故在检测干簧管时，将万用表打到电阻挡，测量干簧管未加磁场时两引脚之间的电阻值，应为∞，再将磁铁靠近干簧管，测量两引脚之间的电阻值，应为0 Ω。如果不是这两种测量值，则该干簧管存在问题。

4. 电机的检测

电机是一个可靠性很高的元件，一般很难损坏，在检测中常检测电机各绕组的电阻，使用万用表电阻挡，测量电机绕组的电阻，一般在几欧到几十欧姆之间，如图6-1-24所示，如果测量值为∞，则该组绕组损坏。除了绕组损坏外，电机另一可能损坏的是永久磁铁，它是由于电机工作时温度过高，达到或超过居里温度而导致电机退磁。需特别注意的是，如果是有刷电机，则碳刷的损坏概率非常高，在测试时需注意。

图6-1-24　万用表检测电机

6.1.10　其他常见元件的检测

1. 扬声器的检测

1）用万用表电阻挡检测

将万用表拨到电阻挡，两表笔分别接扬声器的两个引脚上，观察电阻值的大小，再根据扬声器的标牌所标识阻值的大小，判断两者是否一致，如不一致则损坏。如果阻值与所标阻值一致，则仔细观察扬声器纸盆是否有破损，如有破损则会影响扬声器的发声。

2）通电检测

在扬声器两引脚上加入音频交流信号，如1 kHz频率信号，听扬声器是否发声，如果发声则扬声器正常，如果不发声则损坏。需注意的是加入的信号必须是交流信号，不能是直流信号，否则会损坏扬声器，且频率必须在音频范围内，否则无法听到。

2. 驻极体的检测

对二端式驻极体话筒的检测：万用表黑表笔接话筒的D端，红表笔接话筒的接地端，如图6-1-25（a）所示。这时用嘴向话筒吹气，万用表表针应有指示。同类型话筒比较，指示范围越大，说明该话筒灵敏度越高，如果无指示，则说明该话筒有问题。

对三端式驻极体话筒的检测：万用表黑表笔接话筒的D端，红表笔同时接话筒的S端和接地端，如图6-1-25（b）所示，然后按相同方法吹气检测。

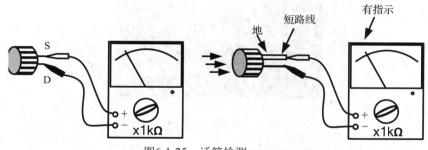

图6-1-25　话筒检测

3. 晶体的检测

晶体具有频率选择特性，利用这一特性可以检测晶体的好坏。用信号发生器产生与晶体频率一致的信号，将输出信号接到晶体的一只引脚上，将另一只引脚接到示波器探头上，如图6-1-26所示。在频率点附近来回调整信号发生器的输出频率，观察示波器的显示波形，找出幅度最大点，则此时信号发生器的输出频率即为晶体的谐振频率。

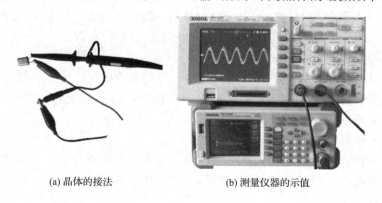

(a) 晶体的接法　　　　　　　(b) 测量仪器的示值

图6-1-26　晶体的检测

6.2　电路板的调试步骤

在检测电路板焊接无误后，就需要对其进行通电测试。为了使电路发生故障时，电路及元器件损坏最小化，需要对整体电路分块进行测试。例如，电路中的电源工作不正常，原本设计输出正常电压为 5 V，结果由于种种原因导致不正常输出 8 V 电压，如果不采用分块通电测试电路，直接用该电压给整个电路板供电，会导致电路板上耐压低于 8 V 的器件（如常见的集成元器件）全部损毁。

1. 调试步骤

对于常见电路板而言，一般分块调试步骤如下：

（1）将电源单独分开，进行电源部分测试。

电源分开的方法是，在电路板布线时，将电源输出端的导线通过 10 mil 的间距割断，在两边导线上放置镂空层，在电源测试正常后，再通过焊锡焊接，将两镂空部分用焊锡短接，如图6-2-1所示。

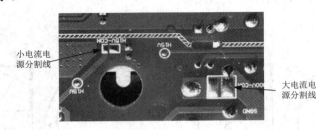

图6-2-1　电源分割实物图

（2）将信号采集部分分开，进行信号采集部分测试。

对于大部分设计而言，信号采集部分无需分开。因为外部信号的大小在设计中属于已知信息，输入信号的功率、最大电压值在内部处理电路的处理范围内。而对于一些大功率、高电压作为输入信号的场合，建议将信号采集电路分开，在测试后保证信号在许可范围内，再允许信号输入到中央处理电路中。

（3）进行中央处理电路测试。

中央处理器电路一般由智能处理元件（MCU、DSP、ARM、FPGA、CPLD等）及其外围电路组成，它用于处理输入信号，输出控制外部伺服单元部件。

（4）进行输出控制电路测试。

输出控制信号由中央处理单元给出，将信号经放大、隔离、电平转换、逻辑转换后控制各种外部部件，如常有的电机、打印机、语音提示、显示灯光等。控制电路样式各异，需要根据具体电路规划具体的测试步骤和方法。

（5）进行高压危险电路测试。

在某些电子设计中需要使用高压电路，如常见的工业电机驱动，需要使用市电或工业电，该部分电路就不能按照普通低压电路的方法进行测试。对于该部分电路，测试的第一原则是保证人身安全。

（6）进行整机电路测试。

在所有模块测试正常后，将所有模块供电，测试电路的整体性能。一般该步骤很少出现问题，如有问题，常出现在不同模块之间互连部分。

2. 电源调试

在调试之前，必须有一个好的习惯，那就是将工作台调试区域清理干净，特别是电子设计人员，其工作性质决定其工作台不会像文员一样干净，会有各种元器件，特别是如果刚手工焊接完成一块电路板，紧接着对其进行调试，这时桌面上可能还有刚刚剪切下的元件多余引线，那么这时必须暂缓调试，将工作桌面清理干净，保证无焊锡残渣，无引脚引线，无导线细丝，总之没有任何金属，保证通电调试时，不会因为这些低级错误而导致电路短路损毁。

对于电源的调试，一般可分为市电隔离转换为低压直流的AC-DC电源和低压直流或交流相互转换的电源。由市电转换的电源由于是高压电路，故调试时必须注意人身安全，其调试步骤如下：

（1）再次检查电路板，看电路板中是否有错焊（电容正负极是否焊反，整流二极管方向是否焊反，电阻是否焊错位置等）、漏焊、短路、残留锡渣、元件引脚的多余引线未剪等问题。

（2）检查电路板焊接无误后，将电路板上保险丝插座中放入保险丝。如果电路板中未设计保险丝，那么必须保证为该电路板提供电源的接线板插座中设有保险丝，目的是保证电路出现故障时，能及时切断电源，防止产生更大的危害。笔者建议使用带自恢复保险功能的接线板，如图6-2-2所示。这样在电路发生故障时既能切断电源，又无需反复更换保险丝，只需按压恢复按钮即可使接线板重新恢复正常供电。

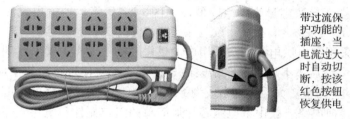

带过流保护功能的插座，当电流过大时自动切断，按该红色按钮恢复供电

图6-2-2 带自恢复保险丝的接线板

（3）给电路板接通市电，让电源工作，用万用表测量电压输出端，观察测得电压是否是设计所需电压，如图6-2-3所示。

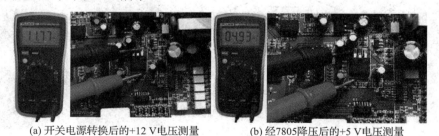

(a) 开关电源转换后的+12 V电压测量　　　(b) 经7805降压后的+5 V电压测量

图6-2-3 测量电源输出电压

正常情况下，电源输出设计者设计要求的电压值。当电路发生故障时，常见有三种故障形式，一为输出电压高于或低于设计要求；二为电源无法启动，即输出电压在正常电压和零之间来回变化，无法稳定；三为无电压输出，测得输出电压始终为零。

当输出电压高于或低于设计要求时，常见有两种问题，一为反馈电路分压出现故障，如图6-2-4所示，图中，$R23$、$R26$对低压端输出电压+12 V进行分压，使分压值为2.495 V，如果这两个电阻的分压比不当，则会改变输出电压的大小；二为变压器匝数绕错。

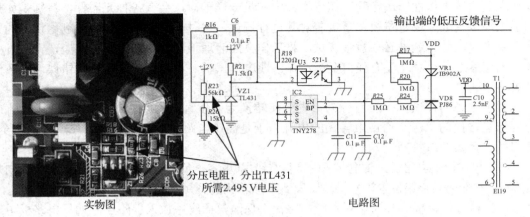

分压电阻，分出TL431
所需2.495V电压

实物图　　　　　　　　　　　电路图

图6-2-4　电压反馈电路故障分析

当电源无法启动时，常见有两种问题。一是负载接入端所接的负载过重或负载短路，超出开关电源最大输出功率，电源驱动模块进入保护模式，关闭输出，一段时间后又进行自启动，故对外表现为输出电压在正常电压和零之间来回变化，无法稳定。二是输出端滤波电路故障，如电容损坏导致容量为零或降低，如图6-2-5所示，使输出纹波过大而使电源芯片进入保护模式。

有些电子设备不采用市电供电，而是采用电池供电。对于这类电源电路的调试，需要注意的是在电池接入电路后，不可因电路错误而导致电池正负极短路，故在加入电池前，先测量待接电池端口的电阻值，如阻值过小或为零，需仔细检查电路，不可盲目接入电池。

电池供电的电压转换电路一般由单电源芯片加简单的阻容元件和电感元件组成，故电路非常简单。当发生故障时，一般是电源芯片损坏，常见损坏原因为过载、过流、过压或温度过高。

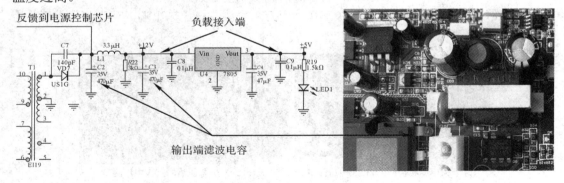

图6-2-5　输出端故障

3. 输入信号调试

常见的输入信号有两种：一种为开关量信号（数字信号），它由轻触开关、光电开关、开关式霍尔元件等传感器产生；一种为模拟量信号，它由压敏元件、热敏元件、气敏元件、线性霍尔元件等传感器产生。

对于开关量信号，常见处理电路为信号缓冲和电平转换与限幅电路，如图6-2-6所示。

这类电路非常简单，一般不会出现故障，如有故障，通常为传感器发生故障。

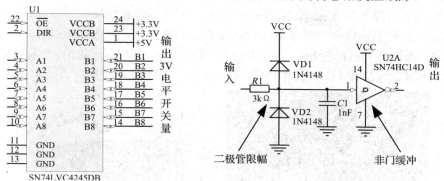

图6-2-6 开关量信号的传输

对于模拟量信号，常见处理电路为信号缓冲、放大和滤波，如图6-2-7所示。这类电路调试比较麻烦，例如信号缓冲电路，在通常情况下，采用普通的运放作一个跟随器即可，但是如果是微伏量级的输入信号，普通的运放可能无法实现信号跟随功能。这时放大电路需要考虑运放类型、增益带宽积、压摆率、是否轨至轨运放等。

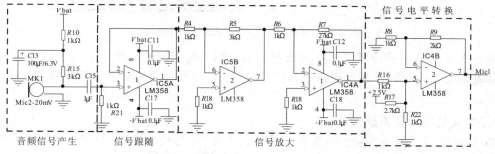

图6-2-7 模拟量信号的处理

对于这类电路，笔者建议先仿真，如果仿真无法实现预想的功能，那么该电路必然存在问题，需要进行重新设计，该步骤一般在设计电路板前进行。图6-2-8所示为图6-2-7的仿真输出波形，设咪头输入信号为直流2.5 V叠加±5 mV的交流信号（即仿真波形VP_3），VF2为仿真输出波形，输出2.5 V的交流信号，可以看出，该电路将±5 mV的交流信号放大后经电平转换为(0~2.5) V的交流信号。

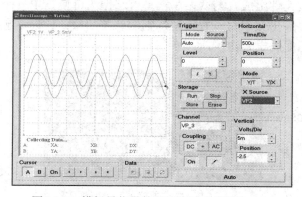

图6-2-8 模拟量信号的处理电路仿真图

当电路仿真通过后，一般就可以使用该电路及相应元器件实现所需功能，而由于仿真是比较理想化的电路工作方式，故在实际电路中，可能与仿真结果有所差异，这时就需要根据具体情况决定怎样修改。通常更换较高性能的运放即可，如选择增益带宽积更宽的轨至轨的运放。图6-2-7所示电路中，当Vbat电压降低至+3.6 V时，输出电压将出现削顶失真，这时将IC4的运放LM358更换为SGM722即可，如图6-2-9所示。

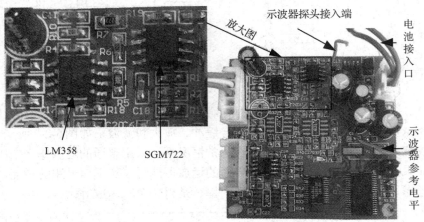

图6-2-9　模拟量信号的处理电路板实物图

对于模拟实物电路，可以使用示波器从输入端一步步向输出端观察各个阶段的波形，并与仿真波形进行比较，找出问题的具体电路位置，定位问题点，从而解决具体问题，调通电路。

4. 中央处理单元调试

中央处理单元的电路比较简单，通常为一智能芯片(MCU、DSP、ARM、FPGA、CPLD)和简单的复位电路，复杂一些的可能有外接RAM、EEPROM、FLASH等。对于这类电路，通常是焊接问题和程序问题。焊接问题常出现在使用手工焊接的电路板中，由于个人焊接水平的差异，特别是对于图6-2-9所示实物图中右下角的TSSOP封装的元器件，这类元器件引脚的密度大，出现虚焊的概率也较大。对于元器件焊接问题，请参考手工焊接的相关章节。

图6-2-10所示为一常见的中央处理单元电路板图，它由DSP芯片、振荡电路、JTAG调试电路和电容滤波元件组成。测试振荡器是否起振，可使DSP一个输出引脚输出振荡器分频后的频率，如果输出频率与设置相同，则振荡器起振；如果不起振，则可能是晶体有问题或晶体引脚上匹配的电容错误。

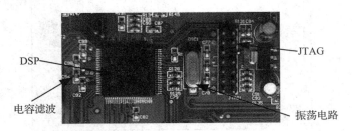

图6-2-10　中央处理单元电路板实物

程序调试是一个比较复杂的问题，它直接影响到硬件是否能够正常运行，如果硬件设计与软件设计不是同一人，则必须保证在设计前双方进行详细的沟通。

5. 输出控制单元调试

不同的电子设备，输出控制的对象不同，常见的控制对象有电机、打印机、语音输出、各种通信接口（网口、USB口、RS232口、RS485口等），对于这类单元电路的调试比较复杂，故障现象各不相同。

对于电机类单元电路，由于电机的类型不同（直流电机、直流无刷电机、步进电机、交流变频电机等），其驱动电路也不相同。

图6-2-11所示为一直流无刷电机驱动单元电路实物图，DSP芯片产生的驱动信号经缓冲、隔离、电平转换后送入电机驱动模块驱动电机运转。该电路的调试可通过示波器观察波形和万用表测量电压得到，在信号隔离前端为低压区域，可通过示波器直接观察加到隔离芯片6N137上的波形，从而判断前端电路是否存在故障。隔离后的电路为高压驱动电机电路，如果用示波器直接观察会损坏示波器，那么需在示波器上增加高压隔离探头隔离探测。在没有隔离探头的情况下只能使用万用表测量不同探测点的电压，通过电压值判断电路是否存在故障。

提示：通过示波器观察的是波形，而万用表观察的是电压，且该电压是有效值，故通过示波器观察到的信号幅度不一定是万用表观察到的电压值，一般万用表观察的电压值小于示波器观察的信号幅度。只有在该信号为直流信号时，这两个观察值才相同。

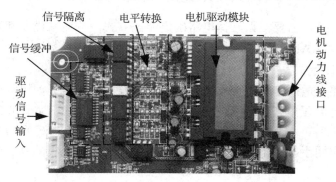

图6-2-11 直流无刷电机驱动单元电路实物图

图6-2-12所示为一低压小功率直流电机驱动单元电路实物图，驱动信号由MCU产生，直接送入LM298中，由该驱动芯片驱动电机运转。这类电路调试比较简单，直接通过示波器观察送入LM298引脚上的信号即可，如果该信号正确而电机不转，则LM298芯片可能有问题；如果信号不对，则MCU程序有问题或引脚未焊接好。

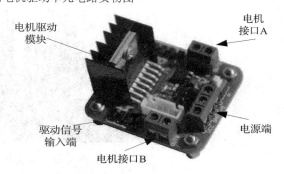

图6-2-12 低压小功率直流电机驱动单元电路实物图

对于语音类电路，注意考虑其功率和音频范围，常见的音频电路只需很小的输出功率（驱动耳机）和正常音频范围（无需考虑重低音），如手机、平板电脑的语音输出电路。图6-2-13给出了一款玩具语音电路实物图，该类电路的音频信号直接由语音芯片产生并驱动扬声器。调试电路时，用示波器直接观察语音芯片输出的音频信号，如果没有信号，则可能语音芯片未工作或损坏。

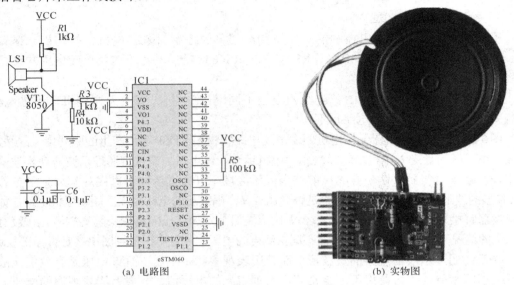

(a) 电路图　　　　　　　　　　　　　　(b) 实物图

图6-2-13　玩具语音电路图和实物图

对于通信类电路，需要根据具体电路确定调试方式，总体来说，都需要使用逻辑分析仪来观察通信波形，从而判断通信是否正常。

6. 高压电路调试

对于高压电路，需严格按照操作规范调试，注意人身安全。如果通电后再切断电源检测电路板，需注意高压电容中残存电荷是否放完，防止被电击。如图6-2-14所示，图中的两个高压大容量电容，在切断电源后大约需要100 s左右电压才低于30 V，故切断电源后需等待一段时间再用手触摸电路板。一些特殊的电路，如电视机的高压包，即使长时间断电后也不可触摸。

高压大容量电容器，用于市电整流后的滤波，切断电源后，该电容有残存电荷，操作时需防止被电击

图6-2-14　存在高压大容量电容的电路板断电后的检测

除了需要考虑人身安全外，一些高压电路由于电压过高或对安全等级要求较高(需保证高低压电路之间的绝缘度)，这种电路板需考虑导线之间的安全距离。笔者实验得出，在室温干燥环境下，1 mm间距大约有(800 ～ 1000) V的绝缘，超过该电压时，两导线之间会出现电弧放电。图6-2-15所示为电路板中高压部分走线的导线间距，对于这类电路

板，无论电路板是否通电，都不要去触摸它，除非能够确定该电路板导线上无残留电荷。

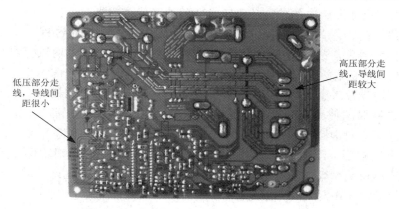

图6-2-15 电路板中高压部分走线的导线间距

7. 整机电路调试

当电路中各个模块电路调试对通过后，就需要对整机电路进行调试。整机电路调试重点是各个模块之间的协同工作是否正常。在电路板设计时，需留有调试测试点，该测试点一般为电路板关键信号。图6-2-16中，关键信号测试孔用圈画出，并标明该测试孔在电路图上的网络特性。测试者很容易看出该信号在电路图中的位置和该信号的电气特性，测试该点即可知道该网络电气特性是否正常。

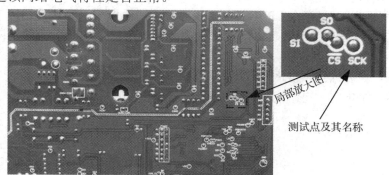

图6-2-16 电路板测试点

在大批量电路板调试时，设计测试点具有非常大的优势，可以根据测试点的电气特性设计专用的测试仪器，测试仪器可根据电路板测试点位置制作专用的测试工装。将电路板卡到工装上，测试仪器即可测量各个测试点的电气特性，对比正常情况下的电气特性，即可定位电路板什么位置出现故障，加快电路板调试和维修速度。

6.3 故障判断方法

故障检修的关键是找出电路中的故障部位，即哪一只元器件发生了故障。在查找故障部位过程中，要用到各种方法，这些方法就是检查方法。这里介绍的检查方法，有的能够直接将故障部位确定，有的则只能将故障范围大大缩小（并不能直接找出故障的具体位置）。

在修理过程中，一般不能一步就找出具体的故障位置，通常是不断缩小整机电路中的故障范围，经过几个回合之后，才能确定具体的故障位置。

我们所熟知的中医问诊方法，实际上是一个收集病因信息的过程，与收集电路板故障信息是一样的道理，故电路板的故障诊断亦可用"望、闻、问、切"这四种方法。"望"和"闻"是一种被动的信息采集过程，电路板维修人员通过"望"和"闻"来知晓电路板什么地方曾经被烧灼或者击穿，什么地方曾经发热导致焊盘裂焊，电路板什么地方有响声，也可以询问故障机器的使用者，看看故障发生的时候用户有哪些和设计者不一致的操作习惯。这些信息都会对故障查找有帮助。"问"和"切"是一种主动的信息采集过程，在处理故障的时候，也经常要主动地探查，比如用示波器和万用表等设备对电路做检测，获得电压、电流、波形和频率等信息，这些信息对处理故障非常有用。此外，试着更换元件或诱导可能存在故障的电路发生故障也是可行的方法。

6.3.1 观察法

观察法是凭借修理人员的视觉、嗅觉和触觉等，通过对故障电路板的仔细观察，再与电路板正常工作时的情况进行比较，对故障范围进行缩小或直接查出故障部位的方法。

观察法是一种最基本的检查方法，但它是一个综合性、经验性、实践性很强的检查方法。检查故障的原理很简单，实际运用过程中要获得正确结果并不容易，要通过不断的实际操作才能提高检查技能。

图6-3-1所示为一故障手机充电器电路板实物图，由图可以直接看出，市电整流后的滤波电容爆炸，再进一步观察，电路板上少焊了一个电容。生产厂商为了降低元器件成本，在电路板上少焊一个滤波电容，导致一只电容的容量不足，滤波效果不好，纹波较大，电容发热，引起爆炸，进而导致电路板发生故障。将爆炸电容更换后，再在未焊接电容的地方焊接一个电容，电路板就能正常工作了。

图6-3-1 手机充电器电路板电容爆炸实物图

图6-3-2所示为一电视机遥控器的故障电路板，由图可以直接看出，电路板是廉价的纸质单面板，制作工艺较差，在遥控器不慎摔落时，导致电路板导线断裂。重新焊接后即可正常使用。

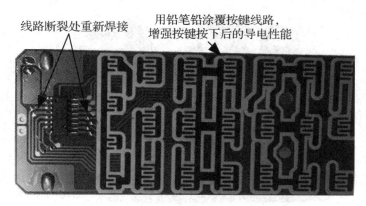

图6-3-2 电视机遥控器电路板导线断裂实物图

观察法适用于检查各种类型的故障，但比较起来更适用于下列一些故障：

（1）对于一些常见的故障和明显的故障采用观察法非常有效。因为这些故障非常常见，一看故障现象就知道故障原因。例如，开机后电源指示灯不亮，打开保险丝盒便能看到保险丝已熔断。

（2）对有机械部件的机械故障检查更为有效，因为机械机构比较直观，通过观察能够发现磨损、变形、错位、断裂、脱落等具体故障。

（3）对于线路中的断线、焦味、臭氧味、冒烟、打火、保险丝熔断、引脚相碰与开关触点表面氧化等故障能够直接发现故障部位。

（4）对于视频设备的图像故障，能够直接确定故障的性质，如电视机的光栅故障、图像故障等。

观察法具有简易、方便、直观和易学的特点，但很难熟练掌握和灵活运用。它是最基本的检查方法，贯穿在整个修理过程中，修理的第一步就是用观察法。观察法能直接查出一些故障原因，但是单独使用观察法收效是不理想的，与其他检查方法配合使用时效果才更好，检查经验要在实践中不断积累。

6.3.2 听查法

电子电器中有两大类故障：电路类故障，是指因电子元器件问题而造成的故障；机械类故障，是指电子电器中的机械机构、机械零部件出问题引起的故障，听查法在这两类电路故障中均可使用。

听查法是一个用得十分广泛的方法。可以这么说，凡是发出声音的电子电器或电子设备，无论是故障出声还是正常出声，在修理过程中都要使用这种检查方法。此法可以准确地判断故障性质、类型，甚至能直接判断出具体的故障部位。在修理之前，通过试听来了解情况，决定对策。在修理过程中，为确定处理效果随时要进行试听。所以，听查法贯穿整个修理过程。

图6-3-3所示为一机顶盒电源适配器的故障电路板。该电路板通电后，变压器发出吱吱的啸叫声。发出啸叫的原因有多种，如变压器驱动频率不正确，变压器未浸漆以及功率管工作不正常等。具体原因需利用其他判断方法进一步确定。

嘛叫的变压器

图6-3-3　机顶盒电源适配器的故障电路板

在使用听查法检修电路板时，需注意以下事项：

（1）对于冒烟、有焦味、打火的故障，尽可能地不用听查法，以免进一步扩大故障范围。不过，在没有其他更好办法时，可以在严格注视电路板上有关部件、元器件的情况下，一次性地使用听查法，力求在通电瞬间发现打火、冒烟部位。

（2）对于巨大爆破响声故障，说明有大电流冲击扬声器，最好不用或尽可能少用听查法，以免损坏扬声器及其他元器件。

（3）对于已知是大电流故障的情况下，要少用听查法，使用时通电时间要短。

（4）使用听查法随时要给机器接通电源。因此，在拆卸机器过程中要尽可能地做到不断开引线，不拔下电路板上插头等。

（5）对于产生嘛叫的电路板，需仔细检查分析嘛叫的原因，做到原因清楚，解决措施得当。

6.3.3　激励法

激励法是通过各种外部激励(如敲击、干扰、短路等)方法来干扰电路板的工作，使电路板的工作缺陷暴露出来。

1. 干扰检查法

干扰检查法是模拟实际工作环境中的干扰，观察电路板是否出现故障的方法。例如，工作在具有电火花环境中的电路板，可以在电路板工作的时候，在其旁边通过高压电容短路放电的方法产生电火花，模拟现实环境，观察电路板的工作情况。

另一种常用的干扰检查方法是将人身干扰输入电路中，通过干扰信号在电路中的传输，确定电路板的故障位置。这种方法实际上是将人身作为信号源，干扰信号作为电路板输入信号。图6-3-4所示为一款采用干扰检查法检查的电路图，电路中的1点是集成放大电路LM386的信号输入引脚，1点之后的电路存在放大功能。干扰电路中的1点，如果功放集成电路存在故障，则扬声器发声不正常；声轻，表明IC1增益不足；无声，表明IC1有问题。电路中的2、3、4点分别是各级运放的输入前端，分别干扰各点，听扬声器的发声情况。如果在干扰某点后，扬声器不发声，则该点后的放大电路存在故障。

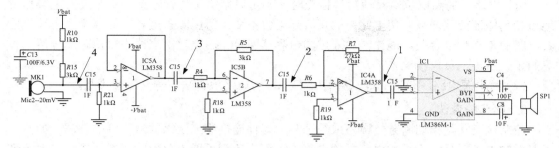

图6-3-4　实施干扰检查法的电路图

在实施干扰检查法时，需注意以下事项：

（1）对于高压设备（即采用市电供电的设备），不可以用手直接触摸电路板来实施干扰，可以采用测量电压的方式用表棒不断接触电路中的测试点。

（2）所选择的电路中干扰点应该是放大器信号传输的信号线，而不是地线。如干扰耦合电容器的两根引脚，而不是去干扰地线，干扰地线是无效的，起不到干扰作用。

（3）检查放大类电路时，干扰检查法最好从后级向前级依次干扰检查。当然，也可以从前向后干扰，但这样做不符合检查习惯。

2. 短路检查法

这里所说的短路检查法不仅指直接用导线将某部分电路短路，还指用电容或固定电阻短接于特定电路中。例如，要判断收音机的啸叫故障，可用一只 $0.1\mu F$ 的电容分别把变频管、一中放管、二中放管的集电极对地短路，短路某一级啸叫消失，故障就出现在这一级。

短路检查法通过对电路中一些测试点的短接（主要是信号传输线与地线之间的短接），有意地使这部分电路不工作。当使它们不能工作时，噪声也随之消失，扬声器中也就没有噪声出现了。这样通过短路检查法便能发现产生噪声的部位。

图6-3-5所示的电路如果存在噪声，则可采用短路检查法进行检查，在进行检查时，先将1点对地短路，如果噪声消失，则功放电路A2部分正常；再将2点对地短路，如果噪声消失，则音量调节电路正常；再将3点对地短路（使用隔直电容短接），如果噪声消失，则3点后的电路正常；再分别将4、5、6、7、8点短路，如果当某点电路短路后，噪声消失，则说明故障发生在该点与前一点之间的电路中。

在短路检查时，需注意以下事项：

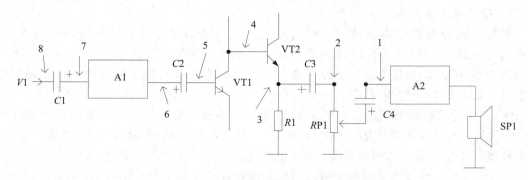

图6-3-5　实施短路检查法的电路图

（1）电路中的高电位点对地短接检查时，不可以用镊子进行短接，要用隔直电容器对地短接，保证交流通路，使电路中的直流高电位不变。所用隔直电容器的容量大小与所检查电路的工作频率有关，能让噪声通过的电容器即可。用电解电容器去短接时要分清电容器的正、负极，负极接地。

（2）对电源电路（整流、滤波、稳压）切不可用短路检查法检查交流噪声故障。

3．断路检查法

断路检查法是指切断某一电路或焊开某一元件连接线来压缩故障范围的方法。如某一电路板的电流明显大于正常电路板的电流，可逐次断开可疑部分电路，断开哪一级电流恢复正常，故障就出在哪一级。此法常用来检修电流过大，烧保险丝故障。

图6-3-6所示电路板在通电后，开关电源进入保护状态，采用断路检查法检查，将电源与外部电路的连接线断开，开关电源能够正常启动，给开关电源加入额定负载，电源还能正常工作，说明开关电源没有故障，故障在后极电路。

将后极电路按模块断开，一块电路一块电路的通电。当将某一块电路通电后，开关电源进入保护状态，则该模块存在故障。仔细检查该模块电路的元器件，特别是功率元器件，测试其是否损坏；检查该模块电路的走线，观察其是否存在有短路到地的情况。

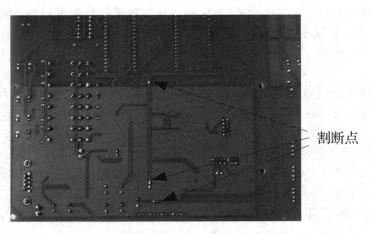

割断点

图6-3-6　采用断路检查法检查的电路板

4．信号寻迹检查法

信号寻迹检查法是根据信号传输的轨迹，通过检查信号在不同位置的分量大小，判断信号在传输过程中是否出现异常的方法。如果出现异常，则表示信号在两次测量之间的电路中发生传输异常。信号寻迹检查法可应用于各种电子电路中，但它需要借助测量仪器对信号进行测量判断。

图6-3-7所示电路可采用信号寻迹检查法进行检查，使用信号发生器产生PWM1～PWM6信号，将其送入74HC541（即1检查处）。如果在2检查处测量到信号发生器的信号，则74HC541工作正常，否则有故障。在2检查处测量信号正常后，测量3处信号，该信号与2处信号反相，通过测量该处信号，可以判断6N137是否正常。测量4处信号，该信号与3处信号反相，通过测量该处信号，可以判断VT1是否正常。

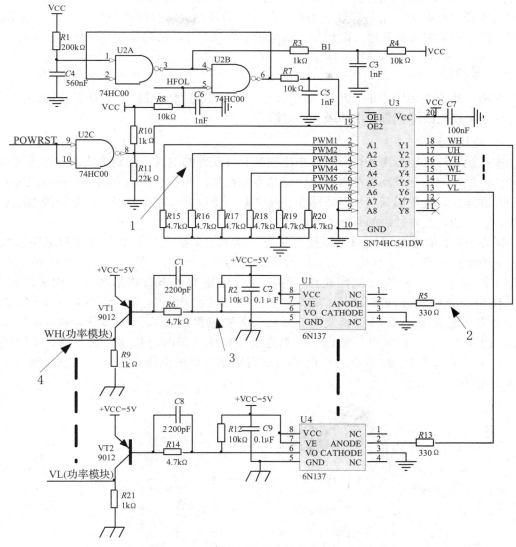

图6-3-7 采用信号寻迹检查法检查的电路

在采用信号寻迹检查法时，需注意以下事项：

（1）信号在传输过程中通常存在放大、衰减、反相和延迟等问题，故后级测量到的信号与前级的信号可能存在差异。该差异是正常现象，需与问题信号区分开。

（2）在数字逻辑中，信号还存在变换问题，是否允许信号通过问题，故后级如果测量不到前级信号，还有可能是芯片的使能端信号不正常。

（3）使用示波器测量电路板信号时，或将信号发生器的信号接入电路板时，需保证接入电路板的地方是安全的低压电路。要与高压电路隔离，防止高压"窜入"仪器设备，损坏仪器。

5. 敲击检查法

敲击检查法是用起子柄、木槌轻轻敲击电路板上某一处，观察情况来判定故障部位

（注意：高压部位一般不能敲击）的方法。此法尤其适合检查虚假焊和接触不良故障。如电视图像伴音时有时无，用手轻轻敲击电视外壳，故障明显，打开电视后盖，拉出电路板，用起子柄轻轻敲击可疑元件，敲到某一部位感觉故障明显，故障就在这一部位。

6.3.4 探测法

探测法相当于中医中的"切"，即用仪器设备给电路板"把脉"，判断其故障部位，探测法也是电路板故障检查中用的最多的方法。

1. 电压检查法

电压检查法是用万用表检查供电电压和各有关元件的电压，特别是关键点电压来判断故障的方法。此法是电路板故障检修中最基本和最常用的一种检查方法。测量电压时万用表是并联连接，无需对元器件、线路作任何调整，所以操作相当方便。电路中的电压数据很能说明问题，其对故障的判断非常准确可靠。

图6-3-8所示电路可采用电压检查法进行检查。1点的电压由TL431的电路结构决定，正常为2.495 V；2点电压由R3和R5分压得到，该电压经IC1跟随后给霍尔芯片IC2供电（该霍尔芯片为一线性元件，输出差分电压的大小与霍尔芯片周围磁场相关，只需使用一个磁体来回接近或远离霍尔芯片）；3点的电压应从大到小来回变化；PH1为一光电传感器，当1、2引脚发出的光线受外物遮挡后，3、4引脚不导通，VT1基极为高电平，VT1导通，4点为低电平，当光线无物体遮挡时，3、4引脚导通，VT1基极为低电平，VT1不导通，4点为高电平。故测量相应点的电压，与正常状态比较，即可判断出电路的故障点。

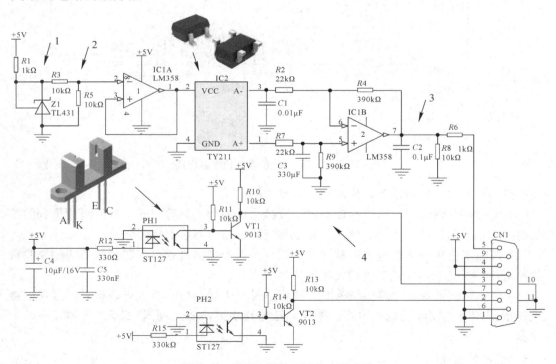

图6-3-8 采用电压检查法检查的电路

电压检查法使用不当会出问题，实施时要注意以下几点：

（1）养成良好的操作习惯，测量电压时一律用单手操作，某些万用表在测量前需检查电压量程，以免损坏万用表。

（2）测量前要分清交、直流挡，对直流电压还要分清极性，特别是指针式万用表。因为指针式万用表的红、黑表棒接反后表针反方向偏转。

（3）在有标准电压数据时，将测得的电压值与标准值对比。在没有标准数据时，电压检查法的运用有些困难，要根据各种具体情况进行分析和判断。

2．电流检查法

电流检查法是指用万用表适当的电流挡测量总电流和晶体管、零部件的工作电流，以迅速判断故障部位的方法。例如，电视机常烧直流保险丝，测稳压电源总电流比正常值大，若断开行输出级电路，电流恢复正常，即可判定故障在行输出级及其以后电路。

图6-3-9所示电路可采用电流检查法进行检查。该电路是一个电压控制的电流环电路。1点的信号通常由MCU控制产生，该信号是一脉宽调制信号，通过控制输出不同的脉冲宽度，最终控制不同大小的输出电流。2点电压的幅值与1点的PWM信号成反比，3点电压的幅值与1点的PWM信号成正比。3点的电压幅值与4点电压相同，故流过R2的电流与3点电压相关。只要3点电压固定，则流过R2的电流固定，则最终J1到地的电流固定。因此测量5点对地的电流，即可知道电流环的电流大小。

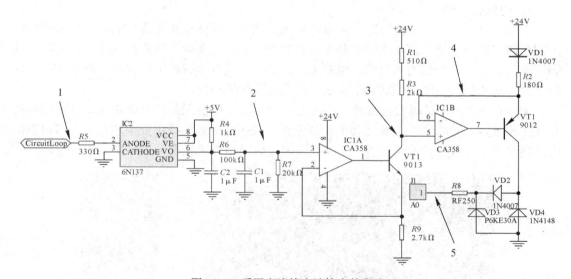

图6-3-9　采用电流检查法检查的电路

电流检查法使用不当会出问题，所以要注意以下几个问题：

（1）在测量电流前需估计待测电流的大小，选择合适的万用表电流检测插孔。如图6-3-10所示，在无法估计电流大小的前提下，必须选择最大允许输入电流的插孔进行测量，防止待测电流过大而损坏万用表内部保险丝。

（2）测量前要分清测量位置。例如，不可以测量电源至地的电流。如果将表笔直接接电源和地两端，会造成电源短路而损坏万用表内部电流测量保护用的保险丝。

（3）养成良好测量习惯，在电流测量完毕后，必须将表笔从电流测量插孔重新插回电压电阻用测量插孔。

（4）对于发热、短路故障，测量电流时要注意通电时间越短越好。做好各项准备工作后再通电，以免无意烧坏元器件。

（5）由于电流测量比电压测量麻烦，因此应该是先用电压检查法检查，必要时再用电流检查法。

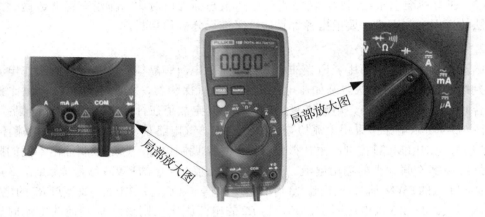

局部放大图

局部放大图

图6-3-10　万用表电流插孔及挡位

3. 电阻检查法

电阻检查法是通过测量电阻、电容、电感、线圈、晶体管和集成块的电阻值来判断故障部位的方法。一个工作正常的电路在常态时（未通电），某些线路应呈通路，有些应呈开路，有的则有一个确切的电阻值。电路工作失常时，这些电路的阻值状态要发生变化，如阻值变大或变小。电阻检查法要根据这些变化判断故障部位。

图6-3-11所示电路板发生故障。当电路板通电时，电源保险丝立即损坏，怀疑电路板存在短路故障，且电路板上有大功率场效应管，故怀疑场效应管可能损坏。通过万用表电阻挡测量各个场效应管的不同引脚之间的阻值，判断场效应管是否损坏。

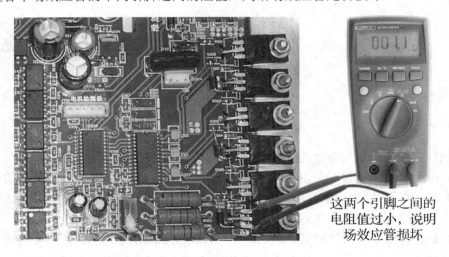

这两个引脚之间的
电阻值过小，说明
场效应管损坏

图6-3-11　采用电阻检查法的电路板

电阻检查法特别适用于检查导线的通断。电路板上的导线通常很细，容易损坏，利用电阻检查法很容易测量出损坏导线；同时，对插接式元器件的测量检查亦非常有效。在测量电路的通断时，可采用万用表通断测量挡，通过听声判断电路的通断。

在使用电阻检查法时，还需注意以下几个问题：

（1）严禁在通电情况下使用电阻检查法。

（2）当对电路板上元器件有怀疑时，可将元器件从电路板上拆下后再检测，对多引脚元器件则要另用其他方法先检查。

（3）使用万用表短路测量挡测量通断时，在电阻低于一定阻值时，即发出报警声，故当电路中存在小阻值电阻时，有可能会被认为短路而误判。

4．波形检查法

波形检查法就是利用示波器、信号发生器等仪器检查电路板上的信号波形，观察波形与理论信号是否一致，如果相差较大，则两次检测之间的电路可能存在问题。

图6-3-12所示电路可采用波形检查法进行检查。该电路是一个简单的线性电源电路，市电经T1变压器变压后输出交流电压，经VD1 ～ VD4全波整流后输出图6-3-13（a）所示波形，经C1、C3滤波后输出6-3-13（b）所示波形，经IC1稳压后输出6-3-13（c）所示波形。如果1点出现6-3-13（d）所示波形，则可能VD1 ～ VD4中有个二极管出问题；如果1点出现6-3-13（e）所示波形，则可能C1、C3中有个电容出问题；如果2点出现6-3-13（f）所示波形，则可能C4电容出问题。

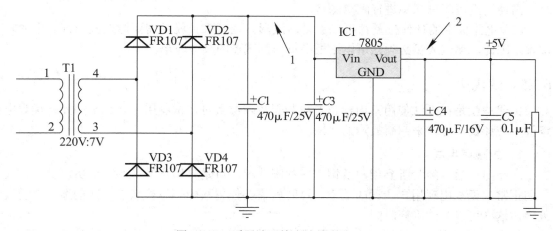

图6-3-12　采用波形检查法的电路

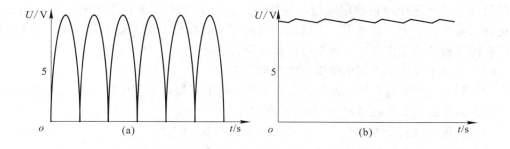

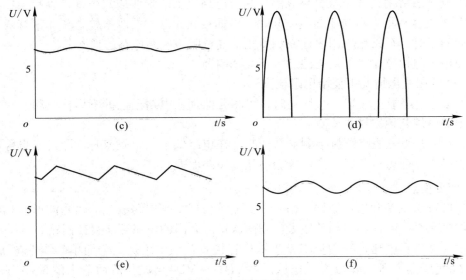

图6-3-13　电路工作波形图

在使用波形检查法时，还需注意以下几个问题：

（1）使用示波器测量电路板信号时，需保证接入电路板的地方是安全的低压电路，与高压电路隔离，防止高压"窜入"仪器设备，损坏仪器。在必须使用示波器测量高压电路时，需使用高压隔离探头进行隔离测量。

（2）电路板中的任何位置都可以测量出波形。调试人员就是需要通过波形判断出故障位置。因此，调试人员必须知道电路板中每一测试点的具体波形。

6.3.5　试代法

试代法就是在无法使用常用检查方法判断故障位置时，试着用一些正常的元件代替电路板中被怀疑的元件来判断故障的方法。

1. 故障再生法

产品出厂后，经常听到用户反馈一些故障状况，可是将用户的产品在厂房测试时，又一切正常，无法出现用户所说的故障。这时就需要使用故障再生检查法，即创造条件诱发故障，这样可以节约维修时间。

同样，在产品设计过程中，亦需要考虑产品的实际使用场合，模拟现实环境，观察电路板是否出现故障，以免产品出厂后故障重重。笔者曾经遇到过一个直流无刷电机驱动电路的设计，只是这个电机应用环境比较复杂，它用于铁路上路轨的道岔驱动，可以想象，该电路需要在南北方，夏冬天，高低温，潮湿干燥的情况下都需要正常工作，那么在设备出厂前应该模拟其工作环境，达到检测设备的目的。

（1）加热工作环境，使电路板工作在80℃左右。

（2）加湿工作环境，使电路板工作在非常潮湿的环境，甚至电路板上可以积水。

（3）将电路板工作在低温至-30℃的环境中。

（4）将设备放置于振动台上，使其在振动状态下工作。

（5）使用长导线给电路板供电，并使供电电压波动达到±20%。

（6）使电机驱动的负载超过正常负载的1倍（即过载达到100%）。

本书作者在网上见到一篇使用故障再生法检查电路故障的文章，讲的是经常会有人在阴雨天后拿电话机来维修，用户陈述的故障现象基本都是"电话呼入后，响一声就没了"。刚开始并不知道这种故障和潮湿天气有关，而且用户把机器拿来的时候却经常在艳阳天，机器到维修人员手上时，故障已经不存在了。所以总是认为顾客的沟通有问题。但是经过几次反复，才开始怀疑和潮湿天气有关。为了确定是否是潮湿引起的，将电话机电路板和一块沾满水的卫生纸，一起放在一个大塑料袋中，二者不直接接触，然后扎紧封口。24小时后，再测试这些电路板，无一例外的都出现了"电话呼入后，响一声就没了"的故障。原来电话机厂商为了降低成本，使用廉价的纸基板做电路板的板材。纸基板的最大毛病就是不耐潮湿环境，是潮湿导致了这些纸基板绝缘性能下降。

图6-3-14是其中一个比较典型的电话机的电路原理图（局部）。图中A点是电话线的电压，挂机的时候有DC24V或者DC48V，加上振铃的时候，最大可能会有（90＋48）V的峰值（振铃电压国标为AC90 V）。这里V2和V3控制着电话机是否开始通话。它导通，电话机进入低阻状态，交换机会认为电话机摘机，开始通话；否则电话线呈现高阻状态，交换机会认为还没有摘机。而这两个三极管又被B点的电压所控制。B点为高电平的话，V2和V3就会全部导通。

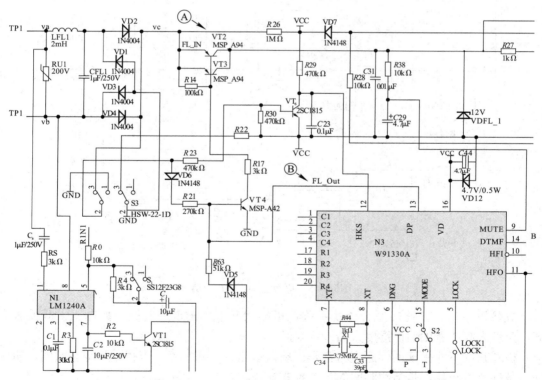

图6-3-14　典型的电话机的电路原理图（局部）

而出现故障的机器，电路板中大多是A、B两点靠得比较近。有的甚至是平行走线，这样遇到纸基板且空气潮湿的情况下，相当于在A、B两点之间跨了一个1兆欧至十几兆欧的电阻，所以一旦A点电压非常高的时候（振铃的时候，最大可能会有（90＋48）V的峰值)就会导致V4导通。V4导通后又导致V2和V3导通。V2和V3导通后，由于电话线呈现低阻抗，所以A点的电压又往下掉。导致V4、V2和V3全部截止，电话重新挂断。所以就会出现"电话呼入后，响一声就没了"。为了确认以上的分析，在电路板非常干燥的时候，在A、B两点之间人为接入一个5.1 MΩ电阻，也会出现一模一样的故障。这样，就对故障做了第二次诱发，进一步确认了病因。

确诊原因后，处理起来就简单多了，解决方法如下：

（1）在电路板上将线条A的全部铜箔去掉，只剩下焊点。

（2）然后用塑料皮的焊线将线条A上的所有焊点重新连接起来。

（3）这样A、B两点之间的绝缘电阻就会大大升高。

（4）在V4的B极（图6-3-15中的信号点C）对地增加一个100 kΩ的电阻，和A、B两点之间的绝缘电阻进行分压。由于100kΩ的电阻远远小于A、B两点之间的绝缘电阻，所以，现在A点泄漏过来的电流所产生的电压就很难让三极管V4轻易导通。

（5）这样处理后，三极管V4的导通只受控于集成电路W91330A的第13脚。

（6）用以上两个手段处理后，即使在电路板很潮湿的时候，外面即使加入远高于国标的120 V电压的振铃，也不会再有"电话呼入后，响一声就没了"的故障了。

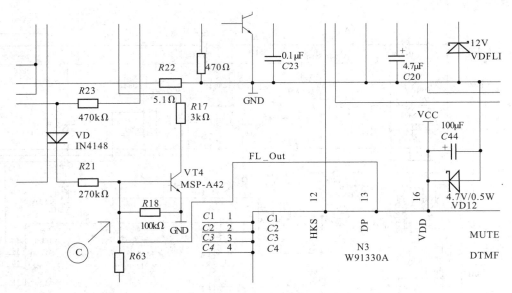

图6-3-15　更改后的电路(局部)

故障再生检查法比较适合查找那些在极端状况下才出现的问题。如电压太高或者太低，温度太高或者太低，湿度太高或者太低的状况。

极端状况下才出现的问题通常都是出现概率比较小的故障。查找故障很费时间，所以制造条件诱发故障，是节约时间的一个重要方法。

2. 替换法

替换法是用一个好的元器件代换认为有故障的元器件来判断故障的方法。此法简单易行，往往起到事半功倍的效果。好的器件可以是同型号的，也可能是不同型号的。但只要接口相同、功能类似就可以在查找故障的时候临时替换原器件。

替换的原则通常有两个：

（1）按先简单后复杂的顺序进行替换。替换工作简单，不怎么费时间的，要优先进行。

（2）从部件的故障率高低来考虑最先替换的部件。故障率高的部件先进行替换，表6-3-1给出了常见元器件失效概率。

表6-3-1　常见元器件失效概率

器件的种类	容易失效的原因与后果
电池（镍镉电池、镍氢电池、普通一次性纸包装电池、锂电池）	能充电的电池在深度过放电后会导致电池不可恢复的损坏，所以长期储存不充电很容易损坏，过充电也经常会因为高温损坏电池。除此之外，它还有记忆效应，会导致容量的降低而失效。 不可充电的电池在过放电后还长期放置的话，电解液会透过包装溢出，损坏外围的电子设备
高压大电流半导体器件	由于高电压大电流的存在，大部分失效的器件都是被高压击穿PN结，常见元件有大功率三极管、场效应管、二极管等
有刷电动机	由于换向器的存在而导致火花，最常见的是换向器烧蚀，导致噪声和耗电同时上升。换向器烧蚀后又经常干扰其附近的电子设备。换向器烧蚀严重后，电动机就彻底不转了，形同废铁。但它的优点是比无刷电动机便宜，所以广泛使用在玩具等低档设备中
硬电线（直径较细的单芯电线）	一般的故障是折断，在焊点的根部折断
大电流继电器	一般是超过额定电流使用，驱动感性负载的继电器故障率高一些
大电流连接器	一般是因为接触电阻大大而烧蚀，或者超过额定电流使用
高压包	既然有高压，它的失效率一定不低
可调电容、可调电阻	劣质的可调电容、可调电阻经常出现滑动触片接触不良的情况
小电流信号继电器	如果继电器有轻微的接触不良，而流经继电器触点的是电流和电压都很小的信号，那继电器触点的微弱电阻变化容易被加到信号中去。比如这个时候传递的是音频，那故障发生的时候，经常能听见输出端有"沙沙"的杂音；如果传送的是视频，则有可能会有随机的横纹
带flash的半导体芯片	大部分失效都是因为内部的flash信息丢失。其实这个时候，器件大多并没有物理性的损伤，大多重新编程一次就好了。扣除这个因素，其失效率和一般晶体管和半导体器件相当
电解电容	一般有两种失效的情况，一种是过电压或者反接导致炸裂，一种是电解液干涸（一般高温环境才能出现）。电压越高、容量越大的电解电容出现故障的概率越高
高密度连接器	连接脚多了，出现接触不良的概率当然也大。比如PCI连接器、内存条连接器等。使用环境如果不够干燥、灰尘多也会大幅度降低连接器的可靠性
无源晶体	不起振是最常见的，还有频率误差偏大也很常见。还有一种故障是频率降到标称额率的1/3，比如标称27 MHz，结果降到9 MHz
纸基线路板	强度最低，一般是单面板。板材较脆，抗潮湿环境性能最差。很多售价很低的电路板在潮湿天气会出故障，都是因为使用了这种电路板。这种电路板铜皮和板基的附着力较差

器件的种类	容易失效的原因与后果
CRT显像管	虽然又大又笨重，但是它和磁头一样是很皮实的器件。最常见的老化是散焦。其次是其内部的三基色荧光粉的老化速度不一样，导致偏色
LCD玻璃片	一般是廉价电子设备的LCD显示屏。大部分的不良是玻璃片和PCB连接的部分不良，比如斑马条和斑马纸。还有就是LCD受冲击碎裂
LCD显示屏	基本是坏点或者背光不良，比较恶劣的坏点是整行整列的坏，或者损坏整个矩形区域
电源变压器	一般短时间的过电压和过电流，都不至于损坏变压器，发现得最多的是长时间超过其额定功率使用导致的发热烧毁
防火线路板	强度稍低，一般是单面板，板材较脆
高阻值电阻	一般是大于100kΩ的电阻，它的故障率高于一般电阻，电阻越大越容易失效，工作温度越高越容易失效
焊点	焊点本来不算是一个元件，但是它也能影响电子产品的品质。这里假设所有焊点在制造的时候，都是良品，但是长期使用后，由于反复的热胀冷缩，发热元件连接脚的焊点最容易出问题。其次是重量很重的元件的焊点，被经常性的冲击和振动，也会容易出问题
激光头	一般是读光盘的灵敏度下降。激光头老化后，会出现某些品质好的光盘可以读出来，某些差劲的光盘就很难读，这就是激光头老化的前期症状。工作波长越短的激光头，就越容易受灰尘指纹之类的东西影响
软电线（直径较细的多芯电线）	一般的故障是折断，且常在焊点的根部折断，但其折断的概率要低于单芯的硬线故障
陶瓷电容	失效，一般就是漏电
压电陶瓷发声片	由于这种器件质地很脆，所以在外力挤压后经常发生碎裂；还有是它上面电镀的导电电极容易脱落，也是常见的故障
DIP开关	整体故障率不高
磁头	很坚硬的器件，有且仅有见过长期使用后被磨损的个体。早期失效的，不仅没见过，也没有听说过
小信号电缆	大部分故障体现在电缆端点的连接器上，还有如果电缆经常折叠、收放也会导致电缆内部折断，这一点最好的例子是立体声耳机，它在插头的尾部和耳塞根部的那段电缆很容易在内部折断
无刷电动机	寿命比有刷电动机高无数倍，但是在一些高速旋转的风扇上（比如CPU的散热风扇），经常看见其轴承出问题，导致噪声大增、耗电上升
有源晶体	这种晶体，还没见过跑不起来的，频率的稳定度也无可挑剔。但是见过几个有源晶体频率跑到标称频率的1/3的
驻极体麦克风	长期使用有可能会导致麦克风的增益下降
LED	一般是因为过电压和过电流而损坏
粗电线	由于其粗大，抗各种机械力破坏的能力就很不错。但是见过因为过流而烧毁塑料皮的，不过概率很低

器件的种类	容易失效的原因与后果
带Mask ROM的半导体芯片	失效率和一般晶体管和半导体器件相当
电感	只要不超过额定电流，基本不会出问题。超过额定电流容易导致磁性饱和。还有插件的电感，在漆包线和焊脚的连接处的故障率稍高一些
动圈式麦克风	从没见过损坏的个体，只听说过在拆装过程中，不小心导致话筒的线圈折断
环氧板	故障率很低的电路板，很少出故障。抗潮湿环境和强度都无可挑剔，如果有故障通常就是双面板过孔上下不导电
金属膜电阻	故障率很低的器件，稍微超过一点额定功率，一般也不会损坏
水泥电阻	水泥电阻一般都是大功率电阻，损坏的水泥电阻一般是超过其额定功率而损坏的
碳膜电阻	故障率很低的器件。如上所述，高阻值电阻的故障率较高
信号变压器	故障率不高，但是一些劣质的信号变压器，在漆包线和焊脚的连接处容易出问题，或者漆包线假焊，或者变压器支架断裂
扬声器	常见的应该是线圈折断。低档的扬声器、比较容易出现音圈和磁体碰撞的故障，导致杂音
一般电阻	故障率很低的器件
一般晶体管和半导体器件	损坏的概率很低，如果没有过流、过压和高温的话，一般失效概率低于 $1/1000 \sim 1/10000$
涤纶电容	它被击穿后也能自恢复

表6-3-1所示的元器件是按照失效率从大到小的顺序排列，在替换时，先替换表的前面部分的元器件，后替换后面部分的元器件。同样，在用其他方法测试故障元件时，也先测试表的前面部分的元器件，因为它们损坏的概率较大。

3. 没有办法时的检查

以上说了这么多方法，虽说都是查找故障的方法，但是这些方法基本都是有脉络可循的时候才能使用。在研发设计过程中，经常会出现一些说不出什么道理的故障，或者不知道顺着哪个方向才能找得出来的问题，而且这样的问题还不在少数。

当你找不着北的时候，最要紧的就是充分利用前面所陈述的"望、闻、问、切、试"，尽量多、尽量细地收集和故障相关的信息。望、闻、问、切是维修判断过程中的第一要法，它贯穿于整个维修过程中。检查时要观察的内容包括：

（1）故障发生时候的周围环境。

（2）硬件环境，包括电压、电流、线缆连接状态等。

（3）哪怕是很细小的，和平常不一样的东西和迹象，只要有所怀疑，就需要仔细检查，排除嫌疑。

（4）积极去了解用户操作的习惯和流程。这些习惯和流程经常和设计者的习惯和流程不一样，所以一些故障不会在设计者手上体现出来，而只会在用户使用时才能体现。

有了以上这些信息，多半不会再找不着北了，至少也会将故障范围缩小一些。

如果故障范围缩小后，仍然不能具体判断问题所在，除了以上的那些招式外，还可以试试最小系统法，主要是要先判断在最基本的软、硬件环境中，系统是否可正常工作。使用这个方法的时候，一般都是很茫然的时候，这个时候请首先要相信每个模块都有出问题的可能，将最小系统以外的东西尽可能地用大砍刀砍掉。最小系统建立好了之后，如果不能正常工作，即可判定最基本的软、硬件部件有故障，从而起到故障隔离的作用。

如果这个时候故障消失了，说明故障点在砍掉的那些部分里面。这个时候就需要用到逐步添加法。最小系统法与逐步添加法相结合，能较快速地定位故障，提高查找故障的效率。

逐步添加法，以最小系统为基础，每次只向系统添加一个设备或软件模块，来检查故障现象是否消失或发生变化，以此来判断并定位故障部位。逐步去除法，正好与逐步添加法操作相反。逐步添加/去除法一般要与替换法配合，才能较为准确地定位故障部位。

提示：

（1）查找故障的过程，归根结底都是收集信息的过程。

（2）很多故障处理的方法很简单，但是知道问题在哪里却很难。所以找故障比处理故障重要得多。

（3）综合运用以上的方法，学会怎么查找故障，对于提高读者设计水平大有好处。

6.4　电路板维修

在发生故障时或采用替换法替换时，需要拆卸电路板上的元器件。这有可能损坏电路板上的导线或引脚焊盘。仅仅因为引脚焊盘损坏而将整个电路板报废处理带来的损失较大，在可能的情况下，还是进行维修较好。下面简单介绍一下电路板焊盘的维修方法。

6.4.1　电路板缺损部分的维修

电路板烧焦或缺损后，不仅基层板需要修补，缺失的线路也需要恢复。下面主要对电路板烧焦或缺损部分的维修加以说明。

（1）电路板被烧焦时，由于烧焦的材料会充当碳质电阻作用，所以必须清理干净。清理时可使用磨具或锉刀，但要注意，不要造成额外的损伤，如图6-4-1所示。将清除的材料从边缘向中心扫，彻底清除所有碎屑，然后用溶解剂清洁该区并让其干燥。为获得良好的黏接效果，须保证被清理区域的边缘清晰可靠。

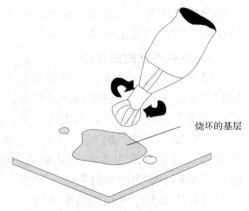

烧坏的基层

图6-4-1　清理损坏的区域

（2）如果清理后的破损洞较小，则可涂上特富龙（聚四氟乙烯）并用胶带贴上，如图6-4-2所示。

（3）如果破损的洞较大，则用环氧黏结剂填洞，将玻璃纤维（PCB的组成材料）粉末与环氧黏结剂混合，填入洞中即可，如图6-4-3所示。

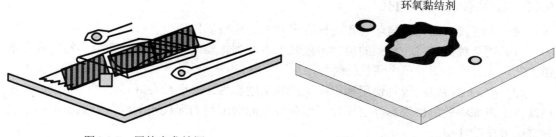

图6-4-2 用特富龙补洞　　　　　图6-4-3 玻璃纤维和环氧黏结剂填洞

（4）黏结剂在空气中凝固后，便移开特富龙涂层壳，然后按使用说明书加热处理黏结剂。黏结剂的加热温度要适中，不能影响到PCB板上的元件。

6.4.2　维修损坏的焊盘

表面贴装元件的电路板最常见的损坏就是方扁形封装体（QFP）布设的焊盘浮起，造成这种现象的最可能的原因就是操作者难以掌握封装元器件四个边上的焊接点都熔化的时间，从而导致过度加热使焊盘浮起。建议使用下面的方法来维修这种类型的故障。

（1）将被破坏的焊盘或印制线移除，并立即清洗电路板上紧邻的区域。

（2）选择适当的替换印制线或焊盘（这可以从某些供应商处获得）。

（3）将替换焊盘或印制线焊接到电路板未被破坏的印制线上，图6-4-4（a）给出了替换焊盘和部分印制线以及将要与之相连接的部分未被破坏的印制线。将替换的印制线剪短且使其与未被破坏的印制线有部分重叠，将这两部分焊接到一起，如图6-4-4（b）所示。

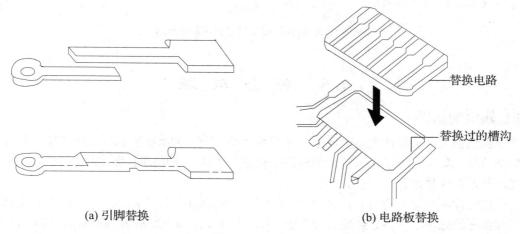

（a）引脚替换　　　　　　　　　（b）电路板替换

图6-4-4 焊盘维修

（4）使用能够耐高温的黏结剂将新的焊盘或印制线粘接到印制电路板基板上，将其夹紧直到黏结剂固化。

（5）将替换后的元器件焊接到适当位置。

（6）清洗残留的助焊剂。

（7）再次涂敷一些由于修理而被清除的防焊膜。

6.4.3 维修损坏的镀通孔

对一个连接双面板的损坏通孔进行维修的方法有如下几种：

（1）通孔镀铜：将一系列的电镀溶液强行灌注到将要进行维修的通孔中，然后进行电镀工艺。该方法不适合单个通孔的维修。

（2）熔融的铆眼：限制使用铆眼在工业制造中作为标准已经有好几年了。该设计会在电路板上形成溢胶，出现总浮空现象，印制线空间受限制的现代印制电路板更加限制了这种维修方法的使用。

（3）使用铜环层：铜环层是在不同型号的焊锡丝外表面镀上大约30 μm 厚的铜层，然后再次对其进行电镀以保护表面焊接性。将其置于损坏的通孔中成型并熔化。经过这样处理的铜环层并不比原始的通孔电镀层占用更多的空间，因此在元器件引脚插入并进行相应焊接以后，也不会被检测出进行过维修。图6-4-5显示了用铜环层来替换印制电路板上损坏的镀通孔。

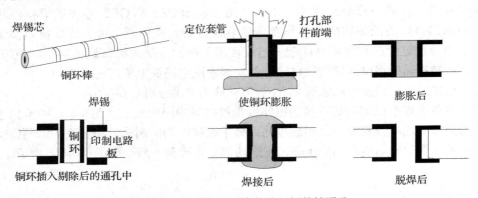

图6-4-5　使用铜环层来维修损坏的镀通孔

6.5　安　全　问　题

6.5.1 触电的认知

电路调试人员必须注意安全问题。人的身体是一个由大脑接收和送出电化学信号控制的复杂系统。如果有外部流入身体的电流干扰这些信号，身体的主要器官将可能完全停止工作，甚至可能导致死亡。

通过人体的电流大约为1 mA时，人体会有刺痛及轻微的振动感觉；10 mA左右就已经是足够强度的触电了，将导致使肌肉失去控制。如果人体通过100 mA的电流持续1 s以上，能导致严重的后果，甚至死亡；通过电流大于100 mA即为严重触电，因为这样能导致心室收缩（心跳无规则），很容易导致死亡。

人体的电阻在干燥时约为1 MΩ，在湿润时为几百欧，人体的电阻大小在二者之间变化。假设有理想的电压源，就可以简单地用欧姆定律($I = U / R$)计算出流过身体的电流。假设你的手和脚接触一个6 V电池的两端，如果你身体内部的阻抗为300 kΩ（你那天出汗了），则流过你手、脚两端的电流为（6V / 300 kΩ = 20 nA），这个电流在安全范围之内，你可能感觉不到它。但是，如果你不小心将120 V的电源掉入浴缸（你在浴缸中），那么流过你身体的电流大小（假想现在淋湿了的身体的电阻为1 kΩ）则是（120 V/1 kΩ = 120 mA），这个电流是可能致命的。

你可能听说过"不是电压杀了你，而是电流"。但根据欧姆定律，好像电压（U）决定电流（I），这样，两者好像起着同等的作用，这是为什么？以上的阐述是否正确？首先，我们要了解一下什么是电压，至少在欧姆定律的定义中，这是决定电流大小的因素。当使用欧姆定律时，我们总是假设电压源是理想的。正如你在理论中学到的，一个理想的电压源是一个维持固定电压的器件，无论所带负载为多少。一个理想的电压源可以维持它的电压不变，无论接在它两端的电阻是多少，它一定可以供给相应的电流量。如果你把所有的电源视为理想的电压源，那么"杀死你的不是电压，而是电流"，这种说法并没有什么意义。问题在于现实中你时常处理的不是理想的电压源——它只能提供有限的输出电流。这样说来，盲目地使用欧姆定律是行不通的。论证这个观点的一个很好的例子是：当你在梳头发时，能在梳子上积累静电电荷。在进行这个简单动作的时候，多达10^{10}个电子将会从你的头发转到梳子上存放，产生2000 V的电压（相对于地）是很有可能的。如果你把这个电压套入欧姆定律中，假设人体电阻为10 kΩ，其结果是0.2 A——可能致命的电流。然而，你听说过有人被梳子的静电放电杀死的吗？问题在于你正在处理的是一个典型的非理想的电压源，为形成电流，电荷数量的流逝是非常迅速的。你可以粗略地计算一下释放这些电荷需要的时间。如果有10^{10}个电子，每个有1.6×10^{-19} C的电量，然后你可以得出净电量为1.6×10^{-9} C。接着，使用电流的定义公式$I = \Delta Q / \Delta t$，假定$\Delta Q = 1.6 \times 10^{-9}$ C和$I = 0.2$ A。则可计算出时间$\Delta t = 8 \times 10^{-9}$ s，或8 ns。这样短的脉冲电流将不会对你产生任何伤害。

6.5.2　安全技巧

下面这些安全要点能保证安全，或者至少能防止触电。

（1）确认连到交流电线上的全部元件是否符合电源的安全等级。

（2）用一只手测量，保持另一只手在另一边或放在口袋里。万一触电了，电流通过你的心脏的概率会小得多。

（3）当构建电源供电系统或测量系统时，确认全部的导线和元件是否装在金属盒里或绝缘塑料箱子里。如果用的是金属盒，最好把外壳接地（从内表面连一根导线到接地电缆上）。金属外壳接地可以防止火线脱落掉到盒子上使整个外壳带电而发生触电。

（4）当金属盒上钻有连接电源线的孔时，应在穿孔上放一个橡胶垫，减少电源线被磨破的几率。

（5）勿在通电情况下修理电源电路。

（6）一般情况下应该提防滤波器、电压放大器和能量储存电容。这些器件能够存储足以致命的电流，可持续放电好几天，甚至当电压低到5 V或10 V也能造成危险。同时，不要触摸到电容的电极。当对电容操作时，可以用带绝缘柄的螺丝刀先短路它的两个引脚，放掉电容上的电荷。

（7）当操作交流电时，应该穿上橡胶鞋或者站在橡胶板或木制品上。

（8）避免站在能够产生危险的位置上，万一由于触电而使肌肉失去控制时，通常摔伤比触电本身更严重。

（9）在操作高压电时，保证出现意外时周围有能协助的人在场。如果看到某人无法脱离带电物体时，千万不要直接去抓他，而应用木棒或绝缘的物体将带电体与他脱离。

所有使用高压（大于120 V交流电以上）的测试仪器（比如示波器、信号发生器），应该使用三相电缆。为了减少触电机会，最好通过一个隔离变压器运行这些设备。

（10）测试电路时要使用带保护套管（绝缘的）的探头，千万不要让手指滑到工具的金属部分上。此外，在连接导线或电缆时务必断开电路的电源。

6.5.3　放电易损坏元件

干燥的天气穿着胶底鞋在地毯上走动时，电子能从地毯传递到人的身体上。在这种情况下很有可能呈现出对地1000 V的电压。在处理聚乙烯袋时，能产生大于300 V的静电，而梳理头发能产生高达2500 V的静电，且环境越干燥（湿度越低），所形成的电荷数量越多。现在，人们已经习惯了静电放电，而且静电带电体通过地的放电电流的大小往往不引起人们注意。然而在相同的放电情况下，对某些器件的损害是完全不同的。

尤其易被损坏的器件包括场效应管，例如：MOS场效应管、结型场效应管，由于它的栅极与导电沟道之间的氧化物绝缘体很容易损坏，如果带静电的物体碰触到它的栅极，管子将很容易被破坏，即栅极的绝缘层击穿。下面是一些易损器件：

非常易损坏的：MOS场效应管、MOS集成电路、结型场效应管、微波晶体管、金属膜电阻等。

中等易损坏的：CMOS集成电路、LSTTL集成电路、肖特基TTL集成电路、肖特基二极管、线性集成电路等。

有点易损坏的：TTL集成电路、小信号二极管和三极管、压电晶体等。

不易损坏的：电容、碳膜电阻、电感及其他模拟器件等。

易损坏的器件通常会标上"警告，元件会遭到静电损坏"字样。如果看到这些标识，请关注下列注意事项。

6.5.4　放电易损坏元件的使用注意事项

尽量将放电易损坏元件保存在其原包装物里，如导电的容器（薄铁片、铝箔），或者保存在导电泡沫包装里。

请勿触摸ESD-sensitive（静电释放敏感）元件的管脚。

触摸元件前手先摸一下自来水管或大电器的接地金属，放掉身体带的静电。

千万不要让衣服接触到元器件。

将电烙铁和桌面接地，或者使用电池供电的电烙铁，还应该用与地线相连接的导电护腕将自己接地。

在通电的情况下，请勿安装或拆下电路中的ESD-sensitive元器件。一旦元件安装完毕，元件损坏的几率将大大降低。

习　　题

6-1　简述常用元器件的检测方法。

6-2 在调试电路板时，怎样划分调试区域？

6-3 在调试电路板电源部分电路时，如果测量输出端没有电压输出，该怎样测量和估计问题所在？

6-4 简述输入信号调试的一般顺序。如果在某个节点出现问题，该怎样修理？

6-5 在中央处理器部分电路中，为什么要将振荡器电路尽量紧靠处理器？IC引脚滤波电容容量应该怎样选择，是否越大越好？

6-6 调试电路板高压部分电路时，需要注意哪些事项？是否可以用手触摸电路板高压地？为什么？

6-7 简述电路板维修常用的检查方法。一般一种方法很难解决全部问题，怎样在实践过程中将多种检查方法灵活应用？

6-8 怎样在电路中加入激励信号？怎样从输入端向输出端一步步测量判断激励信号？

6-9 对于损坏的电路板一般该怎样维修？如果焊盘有细小的缺损（如QFP64封装的焊盘），该怎样处理？

6-10 安全用电中必需牢记的事项有哪些？在电子设计中还有哪些必需养成的良好习惯？

参 考 文 献

[1] 王加祥，雷洪利，曹闹昌，等．电子系统设计．西安：西安电子科技大学出版社，2012.

[2] 王加祥，雷洪利，曹闹昌，等．元器件的识别与选用．西安：西安电子科技大学出版社，2014.

[3] 王加祥，王星，曹闹昌，等．实用电路分析与应用．西安：西安电子科技大学出版社，2015.

[4] 王加祥，曹闹昌，雷洪利，等．基于 Altium Designer 的电路板设计．西安：西安电子科技大学出版社，2015.

[5] 韩广兴．常用仪表使用方法与应用实例．北京：电子工业出版社，2005.

[6] 刘宏，黄朝志，肖发远，等．电子工艺实习．广州：华南理工大学出版社，2009.

[7] 李敬伟，段维莲，曹志道．电子工艺训练教程．北京：电子工业出版社，2008.

[8] 胡斌．电子技术入门突破．北京：人民邮电出版社，2008.

[9] 胡斌．电子技术三剑客之电路检修．北京：电子工业出版社，2008.

[10] 陈俊安，赵文建．电子元器件及手工焊接．北京：中国水利水电出版社，2006.

[11] 韩雪涛．韩老师教你轻松用示波器．北京：人民邮电出版社，2011.

[12] 韩雪涛．韩老师教你轻松用万用表．北京：人民邮电出版社，2011.

[13] 顾海洲，马双武．PCB 电磁兼容技术：设计实践．北京：清华大学出版社，2004.

[14] PAUL C R．电磁兼容导论．2 版．闻映红，译．北京：人民邮电出版社，2007.

[15] 杨克俊．电磁兼容原理与设计技术．北京：人民邮电出版社，2004.

[16] 杨承毅，姚建永．电子技能实训基础：电子元器件的识别和检测．北京：人民邮电出版社，2004.

[17] 孙青，庄奕琪，王锡吉，等．电子元器件可靠性工程．北京：电子工业出版社，2002.

[18] 王振红，张常年，张萌萌．电子产品工艺．北京：化学工业出版社，2008.

[19] KHANDPUR R S．印制电路板：设计、制造、装配与测试．曹学军，刘艳涛，钱宗峰，等译．北京：机械工业出版社，2008.

[20] 钱振宇．3C 认证中的电磁兼容测试与对策．北京：电子工业出版社，2005.

[21] 王玮．感悟设计：电子设计的经验与哲理．北京：北京航空航天大学出版社，2009.

[22] 孙立群，郭立祥．万用表使用从入门到精通．北京：人民邮电出版社，2009.